U0137422

在命运决定你之前

吴主任 著

互联网老手
人间洞察笔记

湖南文艺出版社
HUNAN LITERATURE AND ART PUBLISHING HOUSE

博集天卷
CS·BOOKY

序

在命运决定你之前，发生了什么？谁决定了？之后呢？

每个人在面对"命运"这两个字的时候，都难免彷徨。

"我命由我不由天"这种气势如虹的宣言，内在力量浑厚，令人敬畏。我们欣赏佩服这种有志者。同一种励志的短语，还有什么？"精诚所至，金石为开"……

相信努力的价值。没有人可以否认努力的意义。每个人从小都被教育要努力去赢得胜利——学习的胜利、工作的胜利、人生的胜利，直到某些令人怀疑的时刻出现得越来越频繁，以至于人们对"努力"两个字所呈现的笨拙和无力十分伤感。

在那么多的场景中，努力是多么微不足道啊！

当努力得不到回报，深刻体会到命运的无常时，人会怎样看待命运？热血早已冷却，无力感笼罩生活。有些人甚至会沉浸于这种自爱自怜，但世界不为所动。

我们得往后退一退看人生。

事实上，世俗意义的成功是人们认知范围以外的各种因素共同起作用的结果。

人活着的每一个时刻，每一次选择，都是在为自己"捉摸不透"的命运增添色彩。除非从后视镜看，否则进行中的生活很难说哪个瞬间是决定性的，又或者根本就不存在某一个决定性的瞬间。我们知道，一切都在变化。

是啊，一切都在变化。个体的命运同样在动态变化，每一个瞬间的命运都是既成事实，但下一秒，又是全新的命运。好在置身和平环境，个人大概率还不至于用秒来考察命运的变迁，虽然理论上是这么回事。

还是用生活经验来聊命运吧，就以我们下意识喜欢的整数为时间单位，比如十年。十年后，原本同一起跑线上的两个人很可能已经完全无法对话了。那么以十年为一次评估周期，人的命运在被决定之前，是什么因素在起作用？我相信多数人都会说是运气，毕竟"一命二运三风水"都背得滚瓜烂熟。

问题来了，运气是不是一成不变的？

我认为完全不是。

同样在找工作，一个人更积极主动，他就可能有更多面试机会；同样获得了一次面试机会，一个人准备得非常充分，他被录用的概率就更高一些；同样是公司新人，一个人更加珍惜来之不易的机会，他的努力大概率就会被看到，从而获得晋升……

就这样，大概率，未来的命运已经被决定了。

世俗意义上的命运，其实真的很简单。好运降临无非让自己变得更好，有机会活出真正的自己。这显然不是一瞬间可以完成的，也不是钱可以解决的。人生不只是物质满足，有钱未必能活出真正的自己。

在命运决定你之前，保持好奇心，保持耐心，终身学习，慢慢积累。如果有人能从字里行间得到一些鼓励，获得一些力量，那么这本书就有价值。

不到最后时刻，谁也不能否认你扭转命运的可能，除了你自己。

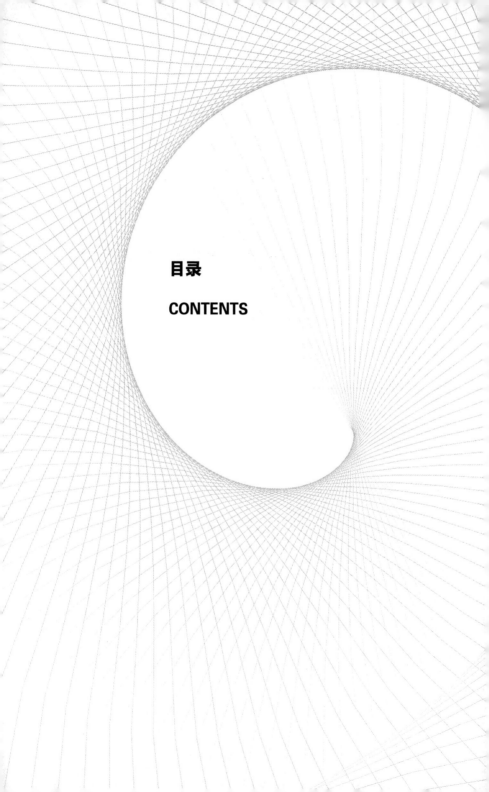

目录

CONTENTS

Chapter
1

人所失去的
和人所拥有的

Chapter 2

什么是更好的生活

Chapter

3

都难，
就是一起挺住

Chapter 4 改变命运的最强武器

Chapter

1

人所失去的
和人所拥有的

在命运决定你之前

人这一生到底为了什么

抛开个人身体上的天生因素，高品质的老年生活需要更多的钱。这听起来是一句废话，任何年龄段的高品质生活都需要更多的钱。但这句话有价值地方的是，真实世界里多数年轻人一穷二白，而且这不是自己能决定的，就像少数富二代幸运儿从出生到死亡大概率拥有一个高品质人生。这也是人家祖辈的积累和传承。

接受现实的同时要相信高品质的老年生活可以通过自己的奋斗获得。

有个问题不知道大家注意到没有，两个同样都是农村普通家庭出来的孩子，接受了同样的九年义务教育，考上了差不多的大学，从毕业算起，十年过后却可能天差地别。为什么？

运气极好或极坏的人永远占少数，多数人运气不好不坏。是欲望上的差距吗？不是，诚实一点，人人都希望过上更好的生活。那种没赚到几个钱就开始聊无欲则刚的人基本上都是在自欺欺人，他们生活上懦弱，不诚实。这倒是能起到一点心理调节的作用，因为没赚到什么钱，索性就往淡泊明志上靠，这样会让自己好过一些。

我们可以表示理解，但自己过得怎么样，是个什么样的人，心里要有数。

十多年来，自己的变化可能别人看得明白；同样地，我也看着身边的人如何变得更好，或者如何变得更惨。看起来，我一个经济学"票友"转型聊人生也就不意外。十多年，足以见证很多起起落落。

我的理解，第一，选择。打个不恰当的比喻，穷人在富人圈子里生活，他在垃圾堆里都可以翻出很多东西。选择去竞争更激烈的地方，那里有更多厉害的人，如果你在别人眼里也很优秀，那就是互相促进，对自己只有好处。倘若身边全是不如自己的人，就算自身素质过硬，不骄不躁，眼界也必然狭隘。没见过世面的人，"症状"比较明显，是不是刻意在炫耀，一眼就能看出，藏不住。虽无可厚非，但是挺可笑。

第二，耐心。年轻人没钱很正常，有钱才不符合常态。但年轻就是最大的资本，不过这个资本不等于当下就能换来什么有价值的东西。实习生一点也不值钱，平台要你端茶倒水，你就埋头去做吧。为什么多数人工资不高？不要埋怨这埋怨那的，而要为将来耐心积累经验和丰富职场履历。履历当然不等于全部，在厉害的公司待好几年仍然平庸的人满世界都是。此外，今天大家都这么会包装自己，履历造假者也比过去多。但看履历是人才筛选最有效率的通用规则。注意，它是最高效的，因此是通用的。所以不要轻视这一点，觉得只要自己牛就行了，这个世界上没有任何一家公司有义务去探索你身上牛的地方。

第三，持续学习的能力。多数人在高中毕业后就再也没有进步了。有那么一些人在大学毕业之后，就等于是拿着一张文凭的废物。当然，大学文凭很重要，强调文凭是这个社会游戏规则的一部分。但如果自身能力不足，必然无法持续学习。为什么大家不爱学习，因为学习很辛苦。学习不是消遣，而是持续投入。方法论最多是一些点拨，没有人可以帮助另一个人学习提高。

总之，一个年轻人，在老年到来之前，主动积极地去拥抱竞争，有耐心地持续学习，攒够养老钱不会是大问题。

多数普通人，勤勤恳恳努力到老，都能有一笔养老钱。但高品质的老年生活又不全依赖钱。不少人有钱依然过得不开心。因为一旦有了钱，钱的边际效益递减，变得不那么重要了，就不能给人带来更多的快乐。此时人就要有一些兴趣爱好，可能是做手工活，比如当个木匠，可能是养花，也可能是历史研究或者写作，又或者是画画。总之是一种能长期持续的兴趣爱好，可以让自己在投入精力的过程中不断精进，发现乐趣，也可以帮助自己开发潜能，从而提高生活品质。

人向死而生，这一生到底是为了什么？这种终极问题，不可能有标准答案，但其实有个模糊的方向。

每个人来到这世间，学习，赚钱，体验生活的酸甜苦辣，感受命运的无常，等等，所有这些体验和思考，以及日复一日的平淡生活，都是在自我探索，希望自己能在临死前看看，在自我完善这条路上，自己突破了多少可能性，到底能走多远。

当然，这只是我的理解。

人所失去的和人所拥有的

前两天我快速翻完某心理学读物，书里有个说法挺有意思，说我们应该领会到的是，人"置于"幸福，而不是"获得"幸福。

幸福是无法追求的，按照作者的意思，能感受到自己活着就已经足够幸福。

他甚至觉得任何人都不要自我否定，比如有人认为自己活着是个累赘。不，只要还有一口气在，只要还能呼吸，就算瘫痪在床，对亲人来说，就是莫大的安慰。看到这里，就会感到太假了，太"日本"了，温情的滤镜完全无视现实的残酷。

这种话如同跟一个陷入悲伤的人说"你不要难过了，没事的，会好起来的"，其效果是一样的，也就是等于没说。

那本书最大的价值是引用了马可·奥勒留《沉思录》的一段话：

即使能活上三千年，甚至三万年，你也应该记住：人所失去的，只是他此刻拥有的生活；人所拥有的，也只是他此刻正在失去的生活。

这个人间洞察实在是厉害，值得反复品味。

有些书让人很纠结，看完之后发现，整本书看似围绕一个主题阐述，但实则是在凑字数。更尴尬的是，最精准的总结竟然是引用其他作者的话。

作者是阿德勒信徒，书写的内容基本是在将阿德勒的心理学通俗化。这倒无可厚非，世间真正从0到1的原创少之又少，都不过是在整理和重复前人的观点，以每个人自己独特的表达方式组装。

在如今没几个人看书的大环境下，需要更宽容一些。读书也没必要那么功利，能翻完就算不错了。一本书哪怕只有一句话的价值，也不算太糟糕。

据说，这两年抖音上《财富自由》《口才三绝》这种书都卖爆了……我感觉我还是有些挑剔，按照抖音上直播爆款书的路数，闭着眼睛去废品收购站里找的一本旧书都能算是好书了吧。

同样是强调"活在当下"，同样是生活哲学、人生鸡汤，斯多葛学派显得更有"干货"，哪怕是所谓的"金句"，都有更具体的生活指导。

斯多葛学派的代表人物有奥勒留、塞涅卡、爱比克泰德。摘录几句他们的名言警句：

> 要知道有多少人嫉妒你，就去数数你的仰慕者吧。
>
> ——塞涅卡

> 人们厌倦了自己的欲望，与它们完全断绝了关系，这是多么令人欣慰呀！
>
> ——塞涅卡
>
> 当和一个朋友说再见时，我们应该悄悄提醒自己，这也可能是最后的分别。
>
> ——爱比克泰德
>
> 幸福和对不拥有之物的渴求，是不可能联系在一起的。
>
> ——爱比克泰德
>
> 如果将自己的目标设定为取悦别人，那我们就无法自由地取悦自己。……我们将使自己变成奴隶。
>
> ——爱比克泰德

看着是很过瘾，这是真正的"金句"，非常了得，常看常新。这几句话都值得反复品味，或许在人生低谷时想起这些话，可以让自己不那么痛苦。

光看完用处不大，至少短期内不会让人有什么变化。如果想让自己真正摆脱烦恼走向幸福，在日常生活中一点一滴践行斯多葛学派的那些理念是个不错的尝试。说不定到了某一天，会突然发现自己变化好大。

乏味的日常生活

杜鲁门·卡波特说，换另一种牌子的香烟也好，搬到一个新地方去住也好，订阅别的报纸也好，坠入爱河又脱身出来也好，我们一直在以或轻浮或深沉的方式来对抗日常生活那无法消释的乏味成分。

作家也苦闷，有钱人也生活枯燥。其实普通人的每一天都很乏味。用正面一点的词形容就是平淡无奇。一想到此刻的幸福时光很快就会过去，人就会伤感。正如黄永玉说的那样，任何一种环境或一个人，初次见面就预感到离别的隐痛时，你必定爱上它/他了。

更消极一点的说法是，众生皆苦。无论是谁，都无法彻底摆脱某种困境，只不过程度上存在差异。无序感和无意义感是比较常见的心理状态，这其实也跟身体状态有关。需要在日复一日的乏味中建立意义，去发现自己的变化，有可能更好了，也可能在走下坡路。

人的经历和知识都极其有限，因此需要通过听歌、看电影、看书来丰富自己。一个人若是在电影院里看到一部好电影，电影结束时就会很伤感，因为又回到现实生活，尤其是想到第二天还得上班这件事。在电脑或电视机前，人很难有这种既愉悦又忧伤的时刻，所以电影院暂时还是无法被替代。

今天打发时间的东西又多又方便，有人刷抖音，有人刷微博，有人玩游戏。这些领域，尤其短视频和游戏领域的产品经理都绞尽脑汁让用户使用时间更长一些。网络生活处处是陷阱。虽然一天也离不开微信，但是格外欣赏张小龙说的，希望人们用完即走。虽然张小龙至今并没有实现这个产品理念。

市场的逻辑就是一个人想要获得更多，就得想办法提供别人喜欢的商品和服务，在激烈的竞争中持续创新，一刻不能停。

偶尔的放松是必要的，但若沉浸在肤浅的游戏或搞笑视频中，最终收获的是空虚，不仅无法在无序中建立秩序，还增添了悔恨和自我厌恶。

> 只有责任感才能够把处于堕落边缘的人拉回现实。不仅是对家人负责，更重要的还是对自己负责。人极可能堕落成一个坏人或一个让自己讨厌的人，在这一点上不要高估自己。变好很累，变坏很容易。

如同认识到每个人的日常生活都很平淡一样，要承认自己内心的脆弱和阴暗。看到那些惨无人道的行径，且不要目瞪口呆，要知道在某些特定环境下自己未必能做得更好。知道了这些，才能告诉自己，尽量不要那样。

接受日常的乏味，才能踏实做点事，突然有一天发现积累的奇迹。承认自己并不特殊，有脆弱和阴暗的一面，才能真正下定决心对自己负责，对家人负责。

我是谁，我只是个努力的普通人

多年前因狂热推荐《理性乐观派》这本书，很自然地就创建了一个同名公众号。作为一名经济学爱好者，又有些表达欲，就持续写了一些相关的文章。要说是经济学常识的文章，一开始我羞于承认，现在是真无所谓了。我通过这些生活随笔，将观念渗透到字里行间，传播出去。至于经济学不经济学的，这派那派的，一切争吵留给有闲情逸致的人。因为我太知道那是什么了，这么多年来清楚同类文章的普遍水准。希望本书的读者不必拘泥于无聊的概念之争，希望本书呈现的是关于这样那样的问题，我是这么想的。

当然，有志于把经营公众号当作一门生意的人，如果有清晰的定位，会更容易切中潜在的读者，比如它属于时尚类、八卦类，女性读者多，显然就有更广阔的商业价值。

说到商业价值，一开始公众号连原创打赏都没有，谁能想到什么商业价值，只是有更多人看会让自己有满足感而已。如果一开始就是为了赚钱而写，坚持下来的概率是很低的，即便坚持更新，过程必然煎熬。

这两年开始有了广告，每个月都有，也完全是意料之外的事。有广告当然好了，不仅有收入，而且是个人价值的一种直观体现。但这显然不是我经营这个公众号的初衷，只是自然而然的收益罢了。真正使我受益匪浅的，说实话，是一种日常想法的梳理和文字表达训练。今天在这个公司打工，明天换到另一个公司，钱没了可以再挣，想要买什么下单就行，别人也能送给你，但脑子里的观念和文字表达技能，这些东西无法瞬间获得，也无法速成，跟酿酒一样，需要漫长的时间，特别难，所以就显得更有价值，并且会成为自己的一部分，谁也带不走。

写文章不是我的职业，只是爱好。本人随心随性，不羁放纵爱自由，不乐意被标签化。此前下定决心放弃"理性乐观派"这个名字，并不是不再推崇理性，不再乐观，而仅仅是不希望给自己打上标签。

当然，外界如何标签化我，那是他们的事情，与我无关。如果你在上网的时候看到一些针锋相对的观点困惑了，不妨这么想，观念不一无所谓，兼听也不一定明，自己判断。但如果是无端骂你的，就应该远离这种人。

那么接下来就有另一个问题，吴主任是谁？现在流行"人设"一说，实际上吴主任是我，又不完全是我。吴主任只是我脑子里的一些想法和感悟的文字呈现，跟现实生活中的本人肯定无法对应。我也从未刻意经营一种人设。最早看到"吴主任"三个字，给不少人的印象是一个发福秃头养花遛鸟的老头吧，反正大概就是这么个形象。读者对名字的感觉很对，我当时就是特意往土的方向取的这个名字。一种无聊的恶趣味。

"吴主任"这个公众号运营到今天得有十几年了。我也从一个球场上的阳光男孩变成了寡言少语的中年人。不少读者从大学入学看到毕业。这个公众号就是个人的输出地，这里有一些思想观点，有一些生活感悟，欢迎更多人浏览。年少轻狂时，我说"我几乎是对的"，嚣张自负，但现在会更温和一些，并不在意是不是对的。怎么可能都对呢？

长期看我文章的人会知道，我经常写的四个字恰恰是"我不知道"。只不过，我相信经过这么多年的读书和思考，受益最大的恰恰是自己。至于李诞把我说成是他年轻时候的灯塔，请不要当真，他就是为了哄朋友开心（他做到了），什么话都说得出来。

我从未觉得自己是个成功人士，差得太远了。身边有很多朋友都比我成功，比我红，比我专业，比我优秀，不管是金钱还是各自所在领域的建树。

不去眼红他人的成就，不在乎起点高低，只看自己是否进步。因此，我从未嫉妒过朋友有多红多有钱，相反，我是真为他们感到开心，会鼓励那些写得好的朋友多写，赚钱厉害的朋友赚更多。

所以，我是个什么样的人？就是个普通人，极其普通。出身普通，长相普通，运气普通，智商普通，想法普通，工作普通，收入普通，文笔普通。但是我知道除了长相无法左右，其他方面都可以通过努力变得越来越好，这也在我自己身上得到了清晰的验证。相比十年前的自己，不管是思想上，还是个人收入上，还是人脉上，多数人渴望的种种，都有所收获。我也相信未来会比现在更好，美中不足就是也会更老。拥有这样一种心态，人就会从容很多。看远一点，着急什么？青春大丈夫！

如今经常给我留言说自己迷茫焦虑的年轻人，我在他们这个年纪时处境要比他们糟糕很多。这一点生活中熟悉我的人都知道。

　　因此，我的人设很清晰。我不是锦鲤，我期待好运连连，但也不希望自己仅仅是条锦鲤。传播好观念可比转发锦鲤要靠谱。我就是个努力的普通人，试图一天天变得更好的普通人。希望更多人，尤其是年轻人在看我的文字时能够收获一些力量。也不是自恋，有时我自己会重温旧文，给自己一些力量。

我28岁的时候都没什么存款

事实上，今天大多数正在为未来焦虑的年轻人都比当年的我处境要好很多。

关注我很多年的读者知道，我大学毕业四年都过得浑浑噩噩。别说存款了，工作都没有。这些年回答一些年轻人的焦虑问题时云淡风轻，但当年我可不是这样，无头苍蝇一样，甚至觉得人生肯定要完蛋了。那年我25岁。

25岁我来到北京，全身上下总共只有3000多元，房子都租不起，借住在一个朋友的研究生宿舍。过程不说。一个月后有幸进入一家特别喜欢的公司，实习工资一个月到手大概4000元多一点，转正后也就多1000元。那时五道口的房价一平方米4万元左右。两年后，工资7500元一个月。

在职场上最享受、最幸福的阶段就是我刚来北京收入最低的三年。人的幸福感确实不是数字带来的，而是一种对比和希望。在2010年，4000元一个月不算少，但绝对谈不上什么高收入，在北漂中就算低工资了。重要的是相比过去的浑浑噩噩，突然有了一份自己向往的工作，并且一切都是新的，从同事到朋友到工作内容，都很好。那时是移动互联网的黄金时代，人们不谈论雾霾，我觉得北京的空气都比老家的好。因为幸福感太强烈，我至今对五道口都很有感情。

买房这件事我想都不敢想，也不存在家里帮付首付的可能。除去租房以及日常吃吃喝喝，所剩无几。27岁的我回家过个春节，买完机票，身无分文。我们农村人就喜欢排场和铺张。那时的心态很稳健，下个月就发工资了，想着7500元，心里美滋滋。幸福感极强。

敢于在工作的前几年赚多少花多少，并不是我花钱无度，而是就算不花也没几个钱，更何况类似房租这样必需的支出少不了，而且房租年年见涨。

28岁的时候我都没存款，仅有的一点点钱买车了。就在那年，网约车平台疯狂补贴大战，刚买的车基本处于闲置状态，一年半后就卖了。没什么钱的年轻人的生活就是这样任性。在这里补充一句我对车的看法，小地方有车很方便，但在大城市除非是爱车狂魔或者特殊需要，没必要买车，打车的成本更低，生活质量也大大提升。

是不是没心没肺，觉得反正买不起房一辈子租房也可以。实际上是没想过这个问题。当时我觉得在北京买房实在太遥远，完全够不着，不会去想这件事，就像我今天也不会去想什么时候能开辆兰博基尼去买菜一样。

其实是这样的，不像以前的浑浑噩噩，在门户网站工作两年之后我大概心里就有个模糊的概念，以自己的能力和勤奋，在这个行业里，赚到更多钱实际上只是时间问题。此时此刻就是当年我看到的未来，说实话，财务状况比当年想象的还要好。尽管现实真是残酷无情，房价整整翻了一倍！

如果我今天还是买不起房子会很焦虑吗？好吧，去掉"如果"，大房子对我来说依然只能垂泪仰望。不会的，涌上来的焦虑会被我以冷静、理性、平和的心态化解，使之退散。

过去几年经常能看到行业裁掉40岁以上中年员工的新闻。如果这是一条线，我离它越来越近了。

我是这么看的，环顾四周，40岁以上的员工有吗？有，一年比一年多，那么这种新闻实际上渲染焦虑恐吓的成分更高。再则，每个公司都需要迎新换旧，而且这跟经济形势也有关系。如果40岁之后确实被裁掉了，那今天是否必须面对未来的残酷？而且更惨的是，或许38岁的时候就被裁了呢？都有可能。

大环境时好时坏，两三年的坏环境你是否可以坚持得住，是否可以看得更远一些。这些都是需要自己琢磨清楚的。

还有个简单的道理：如果你是有价值的，为什么会害怕失业？如果你害怕失业，是不是得现在就开始为此做些准备？

就像每个人都逃脱不了衰老和死亡一样，不要假装很意外。做到心里有数，未雨绸缪，什么意外来了都不慌。

鼓励年轻人去大城市，我说出来是有说服力的，因为本人因此受益良多。勤奋，日积月累，这一点我肯定比多数人做得更好。

厌恶风险，朴实保守，生活的确给了我这种保守风格的人巨大的回报。其他无法量化的收益就不说了，仅仅从2010年全身上下一共3000元到今天的经济状况来看，我当然完全不是什么成功人士，也远称不上是有钱人，但收入大概也达到了中等偏上的水平吧。这也没什么可说的，虽然也会以中年人自居，但确实还年轻，慢慢来，着急啥，未来只会比现在更好。这份自信没什么秘诀，就是前面所说的坚持。

我不创业也不赌博，只是个打工的。当然，这里有巨大的运气成分，而最大的运气就是我踏入了一条正确的河流。

人生不容易

Q: 　　1985年出生的，没车没房没媳妇，上有七十出头的父母，未能对他们尽到孝道，有姐姐照顾父母，父母身体还行，我想担起一份责任。

　　大专毕业，无专业可言。目前在新疆，专卖店卖过手机，4S店卖过车，做过店长，不过做得也不是很好。地级市收入很一般。总觉得这些都不是自己想要的，可想要什么生活自己都不清楚，焦虑。

　　现在有个坐办公室的工作，也就是个普通文员，实习，国企，但不一定能成为正式员工，领固定工资。要不就去地级市或是离父母近一点的城市，卖房或者卖车这样的工作，目前没有其他拓展的工作，惭愧。

　　做了这么多工作，可能是觉得销售门槛低，还侥幸想多挣点钱，事实是不尽如人意。性格偏内向，情商不高，不喜欢钩心斗角，不喜欢拍马屁，想简单一点。再有就是思想上比较懒惰，这一点意识到了。铺垫了那么多，问题就是目前在工作选择方面您有什么建议吗？还望能多给些人生建议。感谢！

有个我很喜欢的作家叫雷蒙德·钱德勒。村上春树视钱德勒的《漫长的告别》为神作，并亲自翻译介绍给日本读者。

2008年，我失业在家时买了好几本他的小说看。我肯定是看完了，但故事已经不太记得了，倒是阿城老师为这套书写的序我记忆犹新。

序里有两部分令人难忘。钱德勒喜欢上了一个钢琴家的妻子西西。西西自称大钱德勒8岁。过了好几年，西西离开了钢琴家。钱德勒想跟西西在一起的想法遭到母亲反对，他只好等到母亲去世后再和西西在一起。36岁的钱德勒和西西结婚，发现西西大他不止8岁，而是18岁。

钱德勒在成为一名侦探小说家之前，干过很多乱七八糟的工作，也上过战场，在战争中养成了酗酒的毛病。1933年，45岁的钱德勒的第一个短篇在某杂志发表。第一部长篇小说《长眠不醒》出版后大卖，那时钱德勒已经51岁了。

一个神奇的爱情故事，一个大器晚成的典范，对失业在家的我产生了不可估量的作用。尽管那年我才23岁，没什么可着急的。

十年时间够你成为一名厉害的小说家吗？毕竟写东西毫无门槛，理论上一切皆有可能。大器晚成者各行各业都有，有时确实能给深陷低谷的人一些力量，但传奇只是传奇，绝非现实生活指南。因为任何传奇的背后都有大量不为人知的因素在共同起作用，留给后人的只是一种戏剧性的谈资。

相信你的焦虑多少跟年龄有关，也许有个消息可以让你好过些。同样是34岁左右，一线城市中产房奴，眼见职场上升通道堵死，离被企业抛弃也就几年时间了，也许收入是你的十倍，但也焦虑。

人生不容易。

要做什么工作，没有人可以给你建议，那些职业规划师并不靠谱，只能自己摸索。你摸索至今都迷茫不已，恐怕谁也无法三两句给你一个方向。

你的这些焦虑和惭愧，在有的人看来是白费力气的挣扎。这倒也算说对了一部分，彷徨失措不解决问题，即便有雄心壮志也得先认命，不管是什么造成了今天的不得志，先接受今天身上的所有现实。这样才好再出发。

坚持就是坚持的唯一意义

曾经有朋友说，也准备开始写点文章。我认为，重要的不是写一两篇文章，而是如何持续写作。朋友很有才华，在我眼里是可以写好看的文章的人。我说，你想到什么写什么，想聊什么就说什么。他问，还有更具体点的吗？我说，没有。

刚好也有网友很好奇，以为是我的经历多。

我的经历不特别，也不丰富，跟同龄人差不多，就是普通人一个。相比十几年前，目前当然经历会多一点，照镜子也会发现不如十几年前年轻。

重要的不是经历，而是对经历的一些思考。一样的故事，每个人内心都有自己的解读。

有的人会像我一样，习惯写出来，有的人则不然。文字只是表达工具，什么也说明不了。有些人不爱说，但心里明镜似的。既然都写了这么多字，我得承认，自己属于喜欢用文字表达的那一类人。因为说和写，又有那么点不一样。

说话每个人都会，如今人们也不怎么说了，都在微信上交流，其实已经是在"写"了。人平均每天在微信上聊天的字数应该不低于1000字。从有QQ开始，不少中国人就不停地敲打键盘，用文字的形式交流了。也就是说，不求文笔多精湛，文字单纯作为一种交流手段，不少人都熟悉，能掌握，为何一到写文章就卡壳？

因为不知道说什么。就算要虚构个故事，缺的是文笔吗？不是，是不知道怎么编这个故事。文笔这件事比较靠后，只不过锦上添花。比如说，我们日常读一些网友的真人真事，看得津津有味，显然不是因为网友的文笔好，而是故事足够吸引人。

因为最近重读阿城，我也就捎带评价一下阿城。一直觉得阿城太聪明了，属于生活中一点就透的人精，而且他写得少，好看的都是"闲话闲说"一类的杂文，就是跟大家闲聊，这个真是阿城的拿手绝活。阿城的小说成就不值一提，"三王"，重读了，也就那么回事，传统世俗小说的回归。文学不文学的，他差得是有点远。这不是我的评价，是别人的评价，他自己认为比较中肯。但有些读者难免误会，好像我是在批评他。我哪有资格批评这么聪明又有趣的老头呢？

为什么提到阿城，我想说的就是很多太把文字当回事的人还没开始写呢，就把自己的文字跟大师比，自然一个字也写不出来，也无法放松。文字的拘谨和行文的紧张感藏不住。人有追求是好事，但若是想着非得厉害到什么程度，就不是很健康的心态。

不管是爱惜羽毛还是别的什么原因，写不写都是个人意愿，无可厚非。大师们境界不同，我们这种普通人，如果也喜欢写点什么，或者希望能持续写，就不能太把文字当回事，人家写了多久，你写了多久？你以为自己天赋异禀？

上大学时，我写过一个十几万字的长篇，很烂是一定的，羞于示人。后来博客篇幅随意，反倒经常写不出来什么，一个原因是脑子空空，另一个原因是总想深刻，无病呻吟。态度不对，好不了。

不少人依然好奇，我写了这么久，这两年几乎每天更新，怎么做到的？难不难？我又不是复印机，也难，只是比不常写的人更熟练而已。或许还有人好奇，实际的成绩如何呢？是不是这么勤奋之后关注数"噌噌噌"上涨？没有，总体上涨得非常慢，一天平均30个净增长吧，也就是新增减去流失的数字。有些阶段每天写每天掉，一个月可以掉几百个关注。

那为何还坚持写？

有更多人喜欢，当然好，没有也不要紧。有更多广告就更好了，有多少接多少，没有就没有。这几年我想明白了，**写就是写的唯一目的，坚持就是坚持的唯一意义。**

当然，事实上我也清楚或者说我相信，只要坚持，更多喜欢我的人和更多的广告随后就会到来。

焦虑，解决焦虑

上一辈人怀念过去，因为人会自动美化记忆，还有一个重要原因是身边少有让自己有"落差感"的人群存在。一个村的人都穷，生活中没有别的可能性。你可能会在一些地方看到这样的言论：实际上朝鲜人民才是这个世界上幸福感比较强的一群人。

市场经济下，物质生活极大丰富，伴随而来的质疑是人们是否因此变得更幸福？比如老王当年还很淳朴，不算富，也饿不死，每天乐呵呵，直到看到老同学衣锦还乡。老王被财富上的差距刺痛，当晚就失眠了。改革春风吹拂下的财富故事老王听过不少，曾经那都是外面的传奇，但这回亲眼见到老同学回村盖大房子，老王突然觉得自己的生活可悲可怜。

正如约翰·肯尼思·加尔布雷思在《富裕社会》这本书中所说的那样：

> 只要一个人的收入明显低于周围人，即使对生存而言已经绰绰有余，但他依然为贫穷所困扰。他们缺乏社会所规定的最低的体面要求，因而他们不能完全逃脱被社会定义为不

体面的定义一直在变。狩猎采集时代，能给部落提供食物的最佳猎手就是万人迷。战乱年代，勇士和骑士是人们敬仰的对象。今天人们心目中最有面子的身份需要金钱装点，需要商业公司头衔夹持。而且看起来没有人阻挡得了你致富的道路，看起来只要努力就必然发财。

这种对比带来的苦恼和焦虑困扰着每个阶层的人。老王不是一个人，是一群人。老王的反应就是人性的自然反应。如果恰好老王们有渠道表达，发文怀念过去"穷开心"的好光景也就不奇怪了。这是人性的一部分，非中国独有，市场经济先行的国家百年前就经历过了。深入观察美国的托克维尔在《论美国的民主》中写道：

> 世袭的特权没了，与生俱来的财富也没了，一个人可以选择任何职业，这时，一个雄心勃勃的人当然会自命不凡，觉得自己可以从事一项更重要的职业。然而，这一切纯然是一种幻觉，现实的生活很快会让他清醒过来。以前，不平等是社会的普遍规律，因而即使再严重的不平等也不会引人注意。而现在平等了，人和人之间差异甚少，正因为如此，哪怕是细微的差距也变得明显起来……为什么生活在这个民主富足的国度里，人们仍有一种莫能名状的烦愁？这就是原因。为什么这里的人民生活平静安逸却又时会诅咒生活？这也是原因之所在。在法国，我们担忧的是日渐增高的自杀率。在美国，自杀较少见，但据说，精神病人却比任何国家多。

古人几乎不存在"身份焦虑"，因为从诞生那一刻起，身份就固定了，贵族世袭贵族，庶民一辈子是庶民。认命是一种千年传统。

移动互联网蓬勃发展，人手一部智能手机的今天，情况要比一百多年前的美国严重得多。你打开朋友圈，你的傻×朋友正踊跃分享一篇叫作《你的同龄人正在抛弃你》的破文章。你一看，慌了。你刷个新闻，那些所谓"上岸人士"是你的朋友的朋友、同学的朋友、同事的前同事……总之离自己那么近，就是身边人。再看看自己，平淡无奇，极其容易瞬间焦虑。

不要误会，我不是在为过去辩护，以前那种投胎决定一生的环境肯定不如现在有更多机会和可能。只不过当下的问题是，很多人确实会在狂轰滥炸的信息前产生幻觉，对机会有比较深的误解，低估了运气，高估了能力。多少有野心的青年在脑子里排练过自己在公司上市敲钟仪式上致辞。

但是，期望越高，焦虑越深。

努力一定会成功的故事被传得太广了。人们一方面被他人的可能性激励，一方面却并不真的了解其中的代价，只是感受到了热血和喜人的结果。且不说取得常人难以想象的巨大成就，就说对向往的职业，人们同样充满误解。比如那么多文艺青年向往影视行业，因为热爱电影，所以想参与电影的制作。但事实上这根本就是两码事。

大众传媒和广告的无孔不入，都在试图告诉你更好的生活应该拥有哪些东西，而这些东西通常并不是生活必需品。但我们想要拥有，因为我们感觉拥有这些东西必然幸福满满。如果你有买过那些渴望已久的东西的经验，你可能会在某一阶段发现，本以为拥有某样东西会变得更幸福，但到手的瞬间往往就是幸福感消退的时刻，接下来欲望安排给你的"幸福"的任务就是购买下一件商品了。

可谓"越满足越不容易满足"。

当然，我绝不是说人应该无欲无求。人的欲望无止境，而且还持续被广告和社会塑造出来的"更体面生活"洗脑。生活就是这样被一个又一个欲望推着走，解决掉一个焦虑又来一个焦虑。这似乎成了一个无解的状态。

如何正视这件事？至少得反复地告诉自己，不可能因购买某件商品或做某件事可以一劳永逸解决自己的焦虑和欲望。如此一来，心态可能就会平和一些，不至于在某些时刻"非怎么着不可"。

对自己期望太高，对社会给予的"成功"标志全盘接受和认可，是焦虑的主要原因。任何社会，取得巨大成功的都是极少数人，而且这少数人也不是光靠努力达成的，而是天时、地利、人和，正确的时间点、正确的事、优秀的团队，还有一些根本无法解释的运气。

最怕的就是噪声扰乱心智，放弃了仅能做到的踏实勤奋，等到错过一切，倒是开始学会拿运气当挡箭牌。这样就自欺欺人了。

化解焦虑最有效的办法实际上我之前就提过了，你要意识到不管身处什么社会，以什么样的标准去衡量一个成功人士或体面人士，谁也无法打败时间，逃不了"生老病死"。

有直接的办法，去看看逝去的伟大人物照片吧，尤其是他们功成名就的闪亮一刻。体会一下"是非成败转头空"的唏嘘，感受一下"一日无常万事休"的残酷。还可以有更文艺的做法，去感受一下宏大的自然景观或者历史的遗迹和废墟，身处其中你必然能体会到个人在历史长河之中，在广袤无垠的宇宙里是多么渺小。你再想想自己正在焦虑的事情，会显得相当滑稽。

但人的生活终归是要被具体的琐事包围，这又很容易让人陷入一种虚无：反正都要死，反正非常渺小，那就破罐破摔了，那就一切都无所谓了。

心态的调整必然是一个内心长期斗争的过程，就像某种训练一样。也许，我们需要获得这样一种能力：能在焦虑出现时意识到每个人的微不足道，能在陷入虚无时学会安静下来专注眼前的事情。

为什么爱他人比被爱更幸福

对容貌的焦虑，遭遇校园霸凌，被逼婚，事业不顺，多数人都会遇到。不是这个焦虑，就是那个迷茫。也许有极少数幸运儿可以一辈子无忧无虑，但我始终怀疑这个世界上是否存在这样的人。

个人成长这一路上，会有你喜欢的人，会有喜欢你的人。当然，也少不了讨厌你的人。又或者，曾经关系不错，后来渐行渐远。

人实际上无法准确得知外界的评价，得到的未必真实，都是自己根据一些迹象揣摩的。比如，脆弱敏感的人可能会因为别人今天忘记跟自己打招呼而疑神疑鬼，最终往自己身上瞎找原因。而真实的情况可能是，对方只是没看到。

你的生活环境作为一个整体变化不大，除非发生重大变故，认识你的人依然延续着他过往对你的印象，如同你对很多人的感觉。但是当一个人陷入低谷的时候，很可能就会感觉世界变得不友好，别人都在等着看自己的笑话，他们的眼神好奇怪，刚才那番话是不是话里有话……

其实世界没变，只是你的情绪变了。

此时此刻，有几个人会想到你？不多。大家都在忙自己的事。就算此时此刻很多人在想你，实际上你也感觉不到，你更关心的，或者更应该关心的，是手头上的事什么时候能完成。

认清问题，接受现实。

多么简单的几句话，人人都听说过。但"接受现实"这四个字，多数人一辈子都无法领悟。说这话并不是说自己多么通透，相反，我是越来越意识到这件事的难度。好在我意识到了，但也逃不掉，得面对。

环境在变，人在变，你在变，问题在变，一切都在变化。如果在心态上不能接受和适应各种变化，就必然会陷入自我怀疑，然后自我折磨。

世事无常，与其说是接受现实，毋宁说是接受变化。接受变化，就要有察觉变化的意识。拒绝面对变化，一旦新问题出现，人就很容易被这种变化逼到角落，然后把困难放大到让自己绝望的地步，以为眼前的困境就是整个世界，以为当下的生活就是永恒——人在绝望之中对时间和空间的理解都是扭曲的。

接受自己真的很难，而且一旦因为自卑对自己有了严重偏见，外界的鼓励也就不管用了。你长得挺好，你的声音很好听……是人都喜欢听到赞美，问题是暗爽之余又难免怀疑都是客套的社交话术。这些都治标不治本，治本需要自己真正接受自己。

长相也好，声音也好，这方面的焦虑都是内心的那个"自我"

太自恋了，太把自己当回事了。人们经常说，要对自己好一点。这句话没错。但反过来，不要太把自己当回事，也是对的。二者是不同层面的理解。我理解的"无我"就是不要太过在意"我"。

我也是慢慢地琢磨，才一点点想明白，人的审美很主观，同样的相貌、个性、气质，有人喜欢，就有人不喜欢。虽然我觉得更高一层的境界是，完全无视这些你无法控制的他人的看法。如果内心不是足够强大，至少要相信，你一定能找到自己的同类。

因为"太心疼自己"，所以会对成长道路上那些痛苦的经历耿耿于怀。从道理上说，过去的一切都过去了，生命只在此时此刻，只在呼吸之间。怎么办？道理都懂，都是陈词滥调。人需要一些训练，训练自己的专注能力，尤其思维的训练要经常做。

为什么懂了很多道理却依然过不好这一生？因为你只是把道理当口号记住了。背诵健身步骤能瘦吗？很多时候我们忽略了对道理本身的实践，即思想的实验。

苏格拉底说，认识你自己。怎么认识？

我们要直面自己，就得观察自己，观察自己的内心，你会看到非常多样的自己，沮丧的，邪恶的，愤怒的，懦弱的……尤其在陷入困境时，更要学会跟自己对话。不要逃避，也不要找借口。自欺欺人，最终受伤害的还是自己。

公众人物看起来有很多人喜欢，甚至还有一些粉丝为之疯狂尖叫。但那只是一种商品和某种符号。你看到好朋友的时候，不会激动地要合张影，但你看到明星就想合影。这种时候，明星差不多等于旅游景点。所谓粉丝对偶像的感情，大概等于游客对景点的感情。

铺垫了这么多，我就是想说，他人是喜欢你、仰慕你、讨厌你，还是瞧不起你，首先，你很难知道。过于自信的人会觉得自己很受欢迎，自卑的人则会觉得没有人喜欢自己。其次，你知道了又能怎么样？最后，过于在乎他人的评价，绝对会变得神经兮兮。一旦将让别人喜欢自己成为目的，朝着这个目的示好，就会形成讨好型人格，就会着急地想要获得反馈。结果必然一地鸡毛，事与愿违。

在不可控的事情上耿耿于怀，是很多不开心的重要原因。

心理学里知名的"心流"状态不就是指人处于忘我状态吗？

有个故事是这样说的，有人来到一个地方，被告知这里是天堂，什么事也不用干，有无限的可供吃喝玩乐的东西，但很快这个人就腻了，要求做点什么。天堂负责人答，不行，只可以享受不能干活。你没猜错，这里其实是地狱。

人永远无法像猪那样"快乐"。人自从拥有理性之后，就无法回避对意义的思索。但这样就容易让人陷入虚无，最终大家都会说，意义你觉得有就有，没有就没有。

说到这里，不得不提一个人——叔本华。著名哲学家叔本华认为人生根本毫无意义可言，可谓一切如梦幻泡影。因此，叔本华倾向于"人没必要为了什么理想或事业奋斗"。为了让更多人明白这个道理，叔本华著书讲学，希望别人相信人生没有任何意义。

结果，叔本华凭借积极宣扬人生无意义而活出了他自己的人生意义。

《活出生命的意义》作者维克多·弗兰克尔认为，生命的意义在于承担责任。我们对"快乐"有一些误解。快乐不是目的。追求快乐，通常结果都不快乐。快乐是忘我地投身于一项事业，或者献身于爱人之后的附加品。

> 需要一项可以持续干很久的事，需要从内心去真正爱一些人，爱你的家人，爱你的朋友。有一定生活经历的人都会慢慢体会到，爱他人比被爱更幸福。普通人一般都能在自己的孩子身上体验到那种完全无条件的爱，这实在比这个世界上到底有几个人喜欢自己幸福一万倍。这种感觉无法描述，相信很多父母都知道我在说什么。

多数人这辈子都很难找到一个可以投入全部激情的事业。打工不是干事业，打工也不可能投入全部激情。当然，不排除总有一些人（通常是公司中高层）打工也打出了主人翁的幻觉。打工就是打工，很纯粹的。除了老板，谁都是可以换掉的。这么说吧，所有，即绝对意义上的所有，所有的打工人或迟或早都会遭遇意义感缺失的重击，只不过程度有所差别罢了。这件事跟赚多少钱没关系。其实越早意识到这一点，就越有更充分的时间做准备。

普通人要在这一生中找到意义感倒也不难，就是试着去爱身边的人，爱你的家人，爱你的朋友。但切记这种爱不是占有，人世间谁也不能占有谁，爱就是发自内心地充满善意，承担起属于自己的责任。

为什么这种行为会让人更加幸福且活得充满意义？因为这是可控的，无论外界环境如何，你都可以选择爱，选择权在自己手里。

这种主动的选择会让自己充满力量。理论上，在精神世界你觉得你是谁你就是谁，你觉得自己是废物，那一定会变成废物；你觉得可以改变当下的生活，就一定可以做些什么来一点点改变当下的生活。最后，这件事又会带来一个极为有趣的结果，不求回报，往往能收获最大的回报。

过去我们一直认为，了不起的英雄行为造就了英雄。其实不是，一个人决定成为英雄，所以才有了英雄行为。

不要把"英雄"两个字和拯救地球联系起来。每个人都可以成为自己生活的英雄。

好观念带来好运气

人还能左右运气？这听起来不科学，当然除非你认为风水是门科学。什么是运气？最直观的理解是买彩票中大奖。那么谁有能耐在随机事件中发现规律呢？中国有大量彩民觉得他们可以发现其中的规律，在彩票走势图前皱着眉头，交头接耳。有些人的表情一看就是来感觉了，隐隐约约有模糊的数字在召唤自己。

一个人找份工作很容易，但想发财概率极低；想当演员不难，这只不过是一种职业，一份工作，但大红大紫的概率极低。不要拿自己的条件去比对，觉得自己各方面不差，只要足够努力，就会十拿九稳。所以一个智力正常的人，绝不会觉得当明星是件容易的事。至于那种开口闭口"戏子"的人，除了丢人现眼，还暴露了自己智力上的缺陷。

人也会因为贪婪，以及高估自己的判断而完全忽视小概率的灾难事件，比如一些人拿全部身家或者加杠杆去炒股，简单操作几下，一个暴跌，财富便灰飞烟灭了。如果是人到中年了，东山再起的机会就非常渺茫。这当然是安全意识不足导致的。对概率的轻视，其实就是认知的缺陷，完全不考虑all in（意为孤注一掷）的最坏结果。概率或许可以算，但"黑天鹅事件"是无法预测的。如果一个人持有正确的观念，就不至于把自己逼入绝境。学会躲避可能的灭顶之灾，是必要的，也是值得刻在脑子里的。

> 运气捉摸不透，也无法把握，但机会呢？机会是不是运气的一种？显然是。机会并非可遇而不可求，而是可以去争取的，是可能做到把不属于自己的机会变成自己的的。这不需要风水大师来改运，只需要树立一些正确的观念。

杨超越，很多人说她是锦鲤。在一些人看来，她的爆红完全不可思议。是运气带来的吗？确实是。所以，聪明人不会觉得自己不会唱歌，不会跳舞，光长得可爱也可以是"杨超越第二"。我看了杨超越的一些访谈，发现她完全不是舞台上丢三落四、魂不守舍的小迷糊，而是思路清晰，对自己所处的位置以及可能的昙花一现都很明白，极其坦诚的一个人。我倒不是说她是因此红起来的，而是说她可能跟很多人看到的不一样。她中学辍学，从苏北去了上海，年纪轻轻，认知清晰。她认为大城市赚钱更容易，机会更多。就算杨超越没今天这么红，这样一个聪明、内心坚定、长得好看的女生在大城市也不会混得太差。如今看来，她也完全配得上好运气。

据说美国有句谚语，你获得一份工作并不是因为你知道什么，而是因为你认识谁。这对我们这样一个正逐步脱离"关系意味着一切"的国家来说，简直不能更亲切了。参与市场的是人，而不是机器。市场让有能力的人脱颖而出，市场有温度。换句话说，人在市场上不可能完全摆脱人脉关系。另一方面，也正是人在行动，担忧市场带来冷漠感就是无稽之谈。

清晰可见的机会在哪里，人就应该去哪里。所以，机会留给做好准备的人，万事俱备，只欠东风。某一瞬间的状况和趋势，对一些人是机会，对其他人则不是。不是看不到，也不是没准备好，可能就是关系够不着。所以，机会也留给人脉更广的人，这首先需要让自己配得上好的人脉。

也许好运未必降临，但认识到这些，显然能有更高概率撞上好运。

据说这样的人更幸福

什么样的人更幸福？有无标准答案另说，多数人希望过得幸福，多数人追求功成名就。那么，有钱有名让人更幸福一说也就不奇怪。但现实中有的人更容易开心，有的人则很难。有的人敏感，一点负面新闻就能无限联想，从而导到心情低落；有的人则跟没事人一样，毫无知觉。

有句话说，幸福与贫富无关，与内心相连。可见对幸福课题的研究很难有个必然逻辑。但大样本观察有参考价值。此类观察需具备两个条件，第一是贯穿人一生的观察，第二是大样本数据。可谓是社会学的浩大工程。

哈佛大学有一项坚持了七十五年的针对七百多人的跟踪观察。研究结论清晰有力：良好的关系让我们更快乐、更健康。

再深入剖析，这"良好的关系"意味着什么，答案是：

1. 和家人、朋友及周围人群联结更紧密的人更幸福。

2. 起决定作用的不是你拥有的朋友的数量，不是你是否在一段稳定的亲密关系中，而是你的亲密关系的质量。

3. 良好的关系不仅能保护我们的身体，也能保护我们的大脑。

那么问题来了，有些人是不是孤独过一生也觉得幸福无比？当然有可能，谁知道呢。一个人完全可以坚持说自己过得非常幸福，嘴硬到死。调查人员如何去验证呢？做不到。

如果有个人完全沉浸在自己的创作或精神世界里，身心愉悦，我们很难说他是谎称自己过得幸福。但实际上我们也知道，这样强大的人永远是极少数，不是普通人。但普通人若想过得幸福，哈佛这项研究的结论就有参考价值。

就好比我之前说自由市场必然带来人口的聚集，大部分县城萧条，这是规律。大城市竞争更激烈，但机会更多，相对而言没有那么多包袱，更自由，这也是事实。普通人选择生儿育女，大概率会有更幸福的晚年生活。

但一说到大城市的好，有些人就不同意，好像是在逼他认可，或者是在暗示他如果不去大城市日子就会很难过似的。一说到生育问题，就好像在建议大家多生几个。当然不是这样了。我说规律和概率，你说喜好。我相信有很多人在小县城自得其乐，也相信有很多人在农村也活得有滋有味。即使有人想去山洞里面壁悟道，又有谁能说什么呢？

上述一些规律和研究的结论，任何人都可以质疑，可以不同意。若是概率事件，多大概率都意味着一定有例外，不像抛出的苹果必然落地那么绝对。去大城市还是留在小县城，生育与否……怎么选从来都是，也应该是每个人自己的事。

人生后悔五件事

这些天我一直在想人聪明不聪明这件事。我们的教育确实让人习得了一些能力。按说高才生至少在某些方面是优秀的，我们可以说他们证明了自己可以应对智力上的某一部分能力的考核。但这可能与聪明还有一定的距离。

中国彩票事业如火如荼，不能说彩民都是文盲，毕竟多数都上过学。但彩民们都以为买彩票是以小博大，成本低廉。大错特错，从手段和目的的角度看，买彩票是最愚蠢的行为了。当然，你要说人家就图个乐，那自然开心就好。

不要太高估人的聪明才智，人们很容易被情绪和潮流带动，一窝蜂跟进，根本没有判断力，有时无法接受冰冷的事实，心理上也倾向于不停地说服自己，自己的做法是对的。

所以，如果想成为聪明的人，或者至少不想让自己后悔终身的人，首先得学会和习惯用概率的眼光做选择。在低概率事件中用身家性命去博得彩头，这意味着大概率是不想要自己的身家性命了。

再说"长远"二字，说来容易，坚持就非常困难了。日复一日健身和学习也好，长期持有一支看好的股票也好，熬过生活、事业的低谷期也好，中途不放弃的极其罕见。有句话是这么说的，大多数战争都不是打赢的，而不过是熬过来的。当然，这并不意味着为了自尊而固执地坚持一些错误的判断，长远的目光不代表在中途完全不反思。那不是立足长远，而是盲目相信了。

小朋友身上有很多值得学习的品质，比如无忧无虑，前一秒吵完架，下一秒就可以嘻嘻哈哈，真的活在当下。但成年人如果仅有这样的品质，要么是心智不成熟，要么就是自欺欺人。成年人总会想得更长远一些，远到在某个人生阶段开始思考人生的意义，这辈子活着到底为了什么。

说完"概率"和"长远目光"，还得看过来人的肺腑之言。

有一篇文章说澳大利亚有一名护士，专门照顾临终病人。人之将死，其言也善，说的都是实在话，分享一生的真诚感悟。她把这些记录成书，发现所谓人生五大憾事是：

1. 我希望能够有勇气活出真正的自己，而不是按别人的期望生活。

2. 我希望自己工作别那么努力。（这一项居男性的憾事之首。）

3. 我希望能够有勇气表达自己的感受。

4. 我希望我能与朋友们保持联系。

5. 我希望能让自己更快乐。

以上内容自然无法成为标准，毕竟为什么是五大而不是十大憾事并没有答案。我们还活着的人，无法真切体会这种对人生的总结和反思。

活出真正的自己，工作不要那么努力，勇敢表达自己，和朋友保持联系，如果这四点大致就是人这一生的教训和一种迷糊的长远目标，那当下的一切行动都值得为其做准备。

这时难免有人会误解，做出类似"说走就走的旅行"这种自以为洒脱实则并不明智的举动。一般人要做到有自己的生活，勇敢表达并活出独特的自己，很难，需要资本，需要长期的准备。因此，恰恰是想实现以上这些，才需要每一天付出。比如，年轻的时候应该更努力工作，为的就是年纪大了之后可以不那么努力或者干脆可以不用上班。

这一点像特别流行的"延迟满足"，眼前的一块棉花糖忍住不吃，是为了将来吃更多的棉花糖。所以，千万不要误解"工作不要那么努力"这一项。国外很多专家学者都提过一个说法，具备延迟满足能力的自律的人，大概率不会过得太差。

有一天我们也许真的会突然意识到，从小到大，这要学那要学，为什么"生活"被当成了理所当然、天生就会的一件事？

我们评价一个人聪明不聪明，本质上都是要应用于生活本身。我很少因为一个人考了高分就说他聪明，顶多说他厉害。聪明如果是一种能力，在生活中一点点学着更聪明一些，也许首先该朝着上面那些值得参考的方面去行动。

对了，我为什么没有说第五点，希望能让自己更快乐？倒不是说这是句废话，而是做好上面四点，快乐是自然而然的。

两种认命

我们每个人对这个世界的认识，通常都是从"我"出发，自己永远是生活的主角。在某些人眼里，其他人等甚至连配角都不是，不过是萦绕在身边的信息，或近或远。

人总会在一个普通的日子里，从自我抽离，跳出来看自己，哪怕只是一瞬间，都难免沮丧失落。包括自己在内的所有人，不论贫穷富贵，在整个人类的历史进程中都是尘埃。

记得最近一次补牙，我的嘴巴张着一动不动。两个牙医忙活有十几分钟了，头顶的强光照射得我只能闭眼，有些迷糊。几十年后的某个时期，可能气管被切开，插满管子，一天十几次人工吸痰，大小便失禁。意识时有时无，清醒时更痛苦，亲人隐藏再好的不耐烦也会被你发现。理解并不能消解伤感。

医疗技术越发达，出现以上场景的概率越高。说是为了续命，但想想就挺惨的，死前还要被这么折腾一番。

面对同样一种无法避免的结局，可以自暴自弃，选择虚无，也可以从中获取一些十分重要的启示。

因为人固有一死，从对意义的反复咀嚼开始，我们会改变对生活和死亡的态度，从而改变行为，甚至在时间的夹持下改变精神面貌。生活的无情教训不断累加，人生真正重要的自然浮现。学会有耐心地把人生拉长看，学会把生活中的很多看起来"不得了的大事"放进"人生意义"这个大框框中检测，就能把99%以上的烦恼快速消解。

当我们学会抽离时，自己和他人不过都是尘埃，而宏观大趋势，个人也无力改变。那么真正值得投入更多时间去做的便是观察自己，探索自己，从而发现自身的独特性和可能性。

我们会说每个人都是独特的，人与人完全不同，不要去和别人比，只跟昨天的自己比。我们还会说，我就是我，是颜色不一样的烟火。无比正确，个性十足，但陈词滥调。缺乏更深入的理解，就难免沦为荡不开一丝涟漪的一潭死水。

恐怕没有人能天生做到不跟人比、不眼红、不嫉妒、不自卑，尤其是躲开来自同辈的压力。大概从幼儿园第一次接触小伙伴开始，天性的和环境灌输的竞争意识，就深远地影响着每个人。无论如何都要分个高下，有人赢就有人输。更令人无奈的是，每个人都要经历学校教育，"赛道"和"游戏规则"早就被规定好了。

期待有业绩压力的老师去告诉学生成绩并非衡量人的唯一标准不切实际，这与老师的工作性质是相违背的。老师可以鼓励成绩差的学生，但不会跟他们说成绩不重要。

今天人们对下一代的教育越重视，越盯着外部的教育资源分配问题，就越容易忽略最根本的家庭教育。父母是孩子最重要也是最后的靠山。外部世界充满不确定性，但家必须是孩子心灵的宁静港湾。

让孩子学会尽力去试试，因为这是发现和检验自己固有优劣势的重要手段。是不行还是不想，不试试不知道。同时，不要将成绩看成唯一重要的东西。这很难，但正因如此才值得反复想办法更有技巧地与孩子一起去发现其自身的独特之处。

或许，包括你我在内的很多人都不太能真切认识和接受自己独特的地方。我们总是容易陷入不可能的假设，如果我拥有那样的天赋，如果我长得更高一些，如果我是富二代，如果我更漂亮一些，如果我也能碰上那么好的运气……对比带来的种种不如意几乎构成了人大部分的烦恼。

"认命"这个词也很有意思，多数时候都是用在一种消极颓丧的语境下。认命吧，你就这样了，这辈子也就这样了。它好像也是一种颇受欢迎的消除烦恼的自我调节的话。

人的确应该"认命"，但前提是要对自己的命感兴趣，对自己这个"命"后面的可能性感兴趣。

出身普通，没什么天赋。不要因此自卑，很明显多数人都是如此。

最重要的是接受自己的独特性，我们会从他人的故事里感受人间的酸甜苦辣，但实际上每个人的一切感受都是独特的，谁也无法代替别人开心或者难过。认命就是尽可能客观地看待自己的先天条件和目前所拥有的一切，不要因幻觉夸大事实，更不要因恐惧而过分否定自我。

为什么道理好像都明白，但就是很难做到尽可能客观地认识自己？因为人不会任由自己陷入"认知失调"的状态，类似一种无意识的反应，人总会通过"自我辩护"快速调整。

"认知失调"这个概念特别有解释力。正如有名望的专家极少承认错误一样，那些对自己评价过低的人，也会坦然面对与负面自我评价一致的行为：我又搞砸了，我一向如此，这就是我的人生啊，我命该如此……

在感情上也是，自卑的人遇到心目中的优秀异性对自己有兴趣，欣喜若狂，但很快就被自我怀疑淹没，他为什么喜欢我？等进一步了解我之后，他一定会嫌弃我的吧?!

十分顽固且反应速度极快的"自我辩护"一直在干扰人对自己的客观认知，意识到人类身上的这种反应机制可以成为人不断完善自我的开始。

一味地用消极颓丧的方式认命，又或者总是抱怨自己没有获得先天的优势，就等于提前埋葬了独特的自己在未来会变得更好的可能性。之所以说可能，而不说取得成就，因为"成就"没有标准。很多人有恢宏的人生目标，但这种目标通常只会导致郁郁寡欢，因为几乎够不着。而且这种目标到底是不是跟自己匹配，是自己想要的还是环境告诉你应该去努力争取的，真不好说。

人这一生，以无法改变的出身为起点，看看到底能拥有怎样的可能性，也许这才是对自己生命的最大尊重。

当然，人同样有权利选择糟蹋自己——我就是贱命一条！

学什么能年入30万元？

学什么能年入30万元？别激动，30万并非具体数字，真正的问题是，今年28岁，无特殊技能且学历低，有什么办法可以迅速致富？

勤快点，去工厂打工，送外卖或者送快递，一年大概能有多少收入？接近10万大概是可能的吧。

反正我知道十几年前，在南方的鞋厂，熟练工起早贪黑趴在针车上，一个月可以有六七千元的收入。夫妻两人就这样闷头干个五六年，也能攒50万元左右。因为工厂包吃包住，日常开销约等于零。

这样的生活，全年无休，像坐牢一样过个五年，在今天广受一夜暴富传说冲击的背景下几个人能熬住？

换个角度想，无论在工厂上班还是送外卖，这些工作可能是无特殊技能且低学历的人能找到的最好的工作了。

今时不同往日，时代变了。今天的年轻人整体富裕不少，没有物质匮乏的记忆，更没有"一分钱难倒英雄汉"的体会。

现在已经很难分清什么是主流声音了。每天都有各式各样的"调侃周一"的一点也不好笑的段子，还有不知道怎么流行起来的"躺平主义"，嘻嘻哈哈地"拒绝内卷的正确方式"，原来就是在找工作上跟雇主抖机灵。

可以可以，非常可以，给这帮人竖起大拇指。这说明相比过去社会变得多元起来了，什么样的生活方式都能笼络一群同好者。但以我对真实生活的理解，在我们国家，从整体上来说，人们的收入情况似乎并没有到"可以躺平"这么乐观的程度。

想想看，从同一个穷苦村子出来的两位年轻人，无一技之长，小学文化，18岁就进入社会。一个好高骛远，总在钻研如何发财；另一个则老实认命，干着不需要特殊技能的体力活，日复一日，积少成多。十年之后，28岁，都很年轻，大概会是什么结果呢？前者能做到不负债已经算厉害，后者攒下几十万元问题不大。

抛开极端的好坏运气，就是普普通通。那么，28岁的两个人，一个身无分文，另一个则至少有了几十万元的资本。这差距有多大呢？拉开这种差距需要什么出身和天赋吗？不需要，只不过是一个人最大化地利用了自己的比较优势，就是时间。

28岁到底年轻不年轻呢？大体上我们会觉得还非常年轻，有些研究生才刚步入社会。但人的心态在不同的状况下完全不一样。熬十年拥有几十万元的资本和浑浑噩噩地度过十年，将会给人带来完全不一样的精神面貌，看待自己及面对往后的人生的方式也就不一样了。

事情远没有结束。28岁，十年之后是38岁。如果一个人荒废十年来到28岁，能够彻底认清自己的处境，接受过去的已经都过去了，埋头送外卖、送快递或者干个别的什么体力劳动，攒个十年的钱，到时也才38岁，人生还长着呢。

哈佛大学心理学家丹尼尔·吉尔伯特和他的同事做了一项研究，并据此提出了"历史终结"错觉的概念。这项研究的结论是，尽管大多数人回忆过去，能清楚意识到自己的变化，尤其是在性格、品位、价值观等方面，但人们却坚信，未来的自己不会有多大的变化。研究结果还进一步显示，年轻人大多不会期待未来发生什么变化。

这是个很重要的心理真相，我倾向于认为"历史终结"错觉也是导致人们"短视"的重要因素。年纪越小的人越容易给自己的人生下粗浅的结论，觉得自己这辈子应该不会有什么变化，就这样了。那既然"就这样了"，不如及时行乐，不如"躺平"，不如"月光"……大错特错，破罐子破摔的后果同样会印证"历史终结"错觉，人生不是"就这样了"，而是只会更惨。

要真正以长远的目光来看待人生，首先就要彻底确认"沉没成本"，上一秒钟的一切都已经发生了，懊恼也好，悔恨也好，都没用，发生了，接受，不接受，反复接受，反复反复接受，自己默念几遍。这是很重要的心态调整，不仅是生活，投资也是如此，错过了就是错过了，有情绪正常，但要及时捕捉情绪，并调整这个情绪。

其次，看十年、二十年，不要看眼前，不要给自己定下不可能的任务，比如学什么能暴富。当然了，最近币圈有很多财富神话，那几乎就是一场盛大的"击鼓传花"游戏，对着空气炒，彼此心知肚明。币圈已经沦为很纯粹的赌场。小赌怡情，但若是押上身家甚至借贷赌，那前方真是万丈深渊了。

最后，如果真的做到目光长远，平日里就不会慌乱，看到自己和那些优秀人士的差距也就会非常坦然。十年后咱们走着瞧，着急什么呢？实不相瞒，就说我自己，我给自己定下的所有规划都是至少以十年为限。再埋头读书、思考、闲聊十年，我也才46岁，没悬念，依然风采动人、才华横溢。而且那才到哪儿呢，再过十年到56岁，只可能更风采动人，才华横溢。我都不知道为什么着急。

我理解体力劳动者的担忧，就觉得自己是吃体力饭的，又或者觉得自己没有生活，只是在用命换钱，并且不知道能持续多久。其实光鲜亮丽的互联网从业者又何尝不是在吃体力饭？真以为创意工作者或者工程师不需要体力？能吃上体力饭应该庆幸，说明还有体力的价值。先吃着，然后再想想积累一些资本之后如何让资本为你赚钱，也就是考虑资产配置问题。

工作累了一天，在夜深人静的时候盘点自己当下拥有的资本。看看自己的资产结构，是不是只有现金，如果是，接下来要考虑的就是房产。你没看错，房产排第二，房子不仅仅是资产，还能解决心理上的感受问题。自己的房子住着踏实，这种幸福感值多少钱，没法计算。接下来，考虑保险或股权资产。这部分的支出比较大，那么问题来了，是盲从一些所谓的专家，还是自己花时间学习思考呢？我认为一个对自己生活负责任的人应该自己学习，得有自己基于深思熟虑的判断。也就是说，无论什么工种，收入多寡，在攒了一些闲钱的某个阶段都需要认真盘点和思考资产配置问题。

如果很不幸，没有任何储蓄，也没有不动产，那别想了，就老实点，一点点攒够资本，然后再去想资产配置的事情。都是一步一步来的，并且要有耐心，要接受每一步基本上都是以十年为单位的。

也不是非得拼了不可

Q:　　　主任，您好！我是一个工作了一年的财务人员。过去的一年里，感觉自己"社恐"很严重。具体表现在接触很多不熟的人的时候心情会很down（低落）。不光是上级领导检查工作，完了一起吃饭喝酒应酬，哪怕一天仅仅是出去逛街、吃饭、理发什么的，跟陌生人说话多了，都觉得很疲惫，回到房间平静下来还是会不开心。

　　　但是日常跟单位里的其他业务部门的人都可以很自然、很轻松地沟通，无论工作上还是私底下跟同事关系都很融洽，也结交了一些很好的朋友。我自己分析原因，可能跟不熟悉的人在沟通的时候总是戴着面具伪装自己。所在的行业，接触的人形形色色，涉及钱这类敏感的问题，有时候需要扮黑脸或者装傻敷衍过去。平时要常常注意，有的资料不能给其他部门看，涉及的事情一多，整个人就处于一种紧绷不敢放松的状态，会比较有压力，觉得心很累。

　　　刚上大学时也想过，改变一下自己的性格，将内心修炼得更加强大，变得真正积极活跃，真正融入大的环境，让自己更加大方、外向一些，但显然是失败了。然后自我安慰，这样也没什么不好。现在我觉得就我所在的行业性质（聚餐多、业务接待多、私人空间少）和我的岗位而言，我自身的性格是不适合的，真的改变自己又是非常痛苦的事情。

最近，我甚至考虑辞职，转行去学写代码，干那种纯技术岗。自己倒是不担心从头开始学一样东西，才毕业一年也还年轻，还有很多选择。但是，我的困惑在于，不知道自己这种想法是不是一种逃避，比如其实基本的与人沟通的能力还是要有的，不论干什么工作。如果这些是作为一个成年人的必备技能，真的逃不了，自己又该怎么改变？

主任若是有兴趣，还请写一下这方面的文章。谢谢！

在心理上，适当的害羞和沉默有助于保护我们的祖先免于树敌，以及被群体放逐。陌生的环境没有确定的可信赖信息，因此选择沉默和察言观色是比较保险的策略。今天，这一点造成人越来越恐惧社交。

所以你一点也不孤独。多数人一开始都无法适应陌生人的聚会。试图融入的努力也不过是为了应付一下，内心依然是抵触的。这种事情换谁都累。这是很常见的。你看到有些人在这种场合如鱼得水，也许有天生的性格作用，但也离不开人家背后对"演技"的磨炼。

要相信，没有人喜欢跟一群陌生人掏心掏肺。要么是装的，要么掏的都是赝品。

为什么平日里业务相关的跨部门沟通就特别自然，因为有具体的事情。业务合作非常具体，就好比你出门买菜，哪怕需要跟菜市场的老板闲扯几句也不会觉得累。那么从实操的角度看，也许你可以就每次工作必需的应酬提前做功课。也许，虚情假意的寒暄本身就是具体的"事情"。那你就把这个事情办好，毕竟工作需要。

哪有什么是成年人必备的技能？我们的祖先，过着集体生活，无非狩猎采集，分工简单。今天则要丰富得多。人们从事的行业千差万别，有那种每天都要见面闲扯的，也有常年不需要跟人说话的。这两种行业的从业者，生存技能截然不同，但都可以过得不错，不存在谁非得具备对方的技能。

的确不是所有人都能忍受工作上的应酬。人的性格很难改。说到逃避，并非一切逃避都是不对的。我们的祖先在野外碰到猛兽也不是非得拼了不可，明显还有另一种选项——打不过就跑啊。放在现在的语境里，就是逃避了。也没什么不对，人都有属于自己的"能力圈"。

关于能力圈，巴菲特这么说："了解你的能力圈并坚守在圈中。圈的大小并没有那么重要，知道自己能力圈的边界才是至关重要的。"查理·芒格这么说："我可以强迫自己把许多事情做得相当好，但我无法将我没有强烈兴趣的事情做得非常出色。从某种程度上来讲，你们也跟我差不多。所以如果有机会的话，你们要想办法去做那些你们有强烈兴趣的事情。"

因此，你需要找到自己的能力圈。只要固守自己的能力圈，圈外你是个低能儿都不影响你在圈内取得成就。没有人会要求一个非常牛的销售还得会写代码吧。销售靠业绩说话，是文盲都无所谓。一个工程师可以不参加任何无聊的饭局，活儿好就行。

很显然你觉得自己更喜欢技术型的工作，可以少跟人打交道。为什么我要说"你觉得"，因为这种时候你还无法完全判断，可能只是一种"好奇"带来的误解，你可以先试着去写写代码再考虑是否换工作。

就看最终现实是否给你选择的余地，以及摆在眼前的选项哪个更适合自己。有的选，去做你喜欢的；没的选，要么想办法让自己有能力做选择，要么想办法调整自己的心态。

也许是自己选择了不幸

"任何经历本身并不是成功或者失败的原因。我们并非因为自身经历中的刺激——所谓的心理创伤——而痛苦，事实上，我们会从经历中发现符合自己目的的因素。决定我们自身的不是过去的经历，而是我们自己赋予经历的意义。"

这是心理学家阿德勒否定心理创伤的一段话，值得反复阅读，认真琢磨。

> 阿德勒认为过去的已经过去了，从过去的创伤中寻找自己何以变成今天这副模样的证据，这样做完全不是在解决问题，而只不过是在逃避问题。

阿德勒这段话的杀伤力巨大，冷酷无情，把对过去的抱怨击个粉碎。

我第一个想到的就是"原生家庭"这个概念的流行。人总是喜欢为自身当下的处境（往往是不如意的现实）寻找原因。啊，找到了，我的父母从小就一直打击我，以致我现在很不自信。我从小就生活在一个重男轻女的环境里，因此内心变得极为脆弱敏感。我以前是有一些音乐天分的，但是家里条件不行，没有给我报班学习。我现在不喜欢交朋友，只愿意宅在家里，因为我父母从小就把我关在房间里学习……

"事实上，我们会从经历中发现符合自己目的的因素"，那么一个人当下的任何行为，只要愿意总可以找到理由。人性的弱点中有个最顽固的地方，就是害怕改变，就是懒惰。因为害怕改变，因为懒惰，所以认知也随着个人选择而调整，让当下的一切不如意都有原因，是出身的原因，是环境的原因，是他人的原因，唯独自己没有任何问题。

当然，现在还有很多算命的，说是星座的原因，星盘不好。

这些外界的原因都是人赋予的。这样会让自己舒服一些，人必须对任何状况提供解释，因为受不了认知失调。

回顾一下认知失调的概念。认知失调是一种紧张冲突的状态，只要某个人心理上同时拥有两种不一致的认知（想法、态度、信念、意见），就会出现这种状态。它构成了自我辩护的原动力，想方设法合理化自己的行为和决策。

人只要找到合理化的解释，认知协调了，就不会有不适，就会舒坦，自然也就不会有改变的意愿。所以在阿德勒看来，有些不幸，是自己选择的结果。当然，正如自我辩护总是下意识的，甚至连自己都意识不到，在过去的经历中寻找原因从而逃避现实也都是下意识的选择。

这并非否定过去那些的确给人造成痛苦的经历，人的出身和经历过的伤害是客观存在的。但此时此刻的"我"如何看待它们就完全掌握在自己手里了。这部分的内容有点像经济学的"沉没成本"。感觉心理学和经济学这两个学科交叉在一起了。

我出身卑微，条件不如人，所以我混得很惨，还想要我怎么办?

我出身卑微，条件不如人，所以我才应该比别人更努力去弥补天生的不足。

我被渣男骗过，伤痕累累，我对爱情已经绝望了，全天下的男人都是骗子。

我被渣男骗过，伤痕累累，人生总有踩到狗屎的时候，这与爱情和男人无关，继续赶路。

…………

这就是"决定我们自身的不是过去的经历，而是我们自己赋予经历的意义"。

我为什么不喜欢科比

我看球的时候还是个少年，十四五岁，第一次认识那么多球星。1996年的黄金一代，群星璀璨。我真正从赛季初开始看的就是费城76人队对湖人队总决赛的那个赛季。艾弗森身材矮小（在NBA里算矮个），几乎以一己之力帮助费城76人队杀进总决赛，鼓舞人心。科比这边身边则有个如日中天的奥尼尔。当时我想，随便一个差不多的后卫跟奥尼尔配合，球队都能夺冠，科比有什么牛的？

不需要很懂球就大概能猜到总决赛的结局，虽然费城76人队拿下了第一场，但大家都知道，两队实力差距太大。湖人队的配置在当年完全是欺负人。所以我不喜欢科比的原因中还有人性中有意思的部分，就是人天然就更愿意支持弱者。

科比的勤奋是众所周知的。但是勤奋之人在少年时期的我眼中是一点都不酷的。艾弗森这种吊儿郎当的劲儿才叫个性；麦迪一副没睡醒的样子，配上球场上的勇猛和那些高光时刻会更吸引人一些。如果平日里都嘻嘻哈哈不爱学习，考试成绩不好很正常，考好了那就是真牛。但若是悬梁刺股、挑灯夜读，结果成绩平平就会被认为是笨。

少年尤其是少男很容易感受到来自同辈的压力。别人眼里的自己要比真实的自己重要得多。

"鹰郡事件"发生，学校论坛上喜欢科比和讨厌科比的人一样多，双方可以从正月吵到腊月。随后OK组合解散，国内外的媒体都在说是科比要当老大才挤走了奥尼尔。在少年人眼里，这人品性不佳，不是好鸟。多年后，奥尼尔亲自解释，是因为当年的湖人队拒绝为一个30多岁的胖子开3000万美元年薪，他和科比间的组合才被拆散。

因为"鹰郡事件"，科比陷入舆论的讨伐，不得不面对客场球迷羞辱性的嘘声，商业合同的解除，妻子的流产，等等。曾经风光无限，22岁就拿到总冠军的天之骄子陷入了低谷，他开始怀疑篮球这项运动是否还是他的避风港。在纪录片《科比的缪斯》里，科比说自己因此从精神层面分化出"黑曼巴"这个角色。科比处理私人生活的部分，而黑曼巴则在球场上干他该干的事。

"这是我内心的战争，我把它带到球场上，和你无关，也不关任何人的事，谁也赶不走我。我在驾驶，如果你刚好挡了我的路，你可能在这个过程中会被毁掉。"

这是我第一次听科比本人介绍"黑曼巴"的诞生背景。听着像不像一个小朋友嗷嗷嗷叫，说自己是霸王龙？在我看来这是非常高明的心态调整方法，倒是成年人活着活着就忘了我们自身其实一直具备这种应对压力的能力。

如果仅凭身体和技术，科比到不了这样的高度。比如有一次访谈，主持人问科比，当年作为新人在一场关键比赛中连续投了四个"三不沾"，直接断送比赛，在数百万人面前出丑，心态如何调整。要知道，有些人可能再也恢复不过来了。科比回答，不要庸人自扰，你感觉出丑了，但其实你没那么重要。理性地想，为什么会连续投出四个空气球？明白了，高中联赛打35场，比赛间隔时间长，有足够的休息时间。NBA82场，比赛间隔时间短，将腿部力量不足的问题暴露了出来。所以只要按照82场比赛的强度量身打造训练方案，明年就能投进了。就是这样。

生活的不易成年人体会尤其深刻。多数人一边"搬砖"一边盼望着有一天能够不用上班，但又都知道这件事也只是想想而已。工作的确占据了人一生中的大部分时间，那么找到一个好的心理调整办法是非常有必要的，这关系到人一生中绝大多数时间的生命质量。也许你也能从科比和"黑曼巴"中获得启发。

有一天夜里，我反复想，为什么以前老觉得科比看着很不舒服？倒也不是赛场上嚣张的样子，毕竟球场上人人都不可一世，极具侵略性。哪里不对呢？我想了很久，也许不是什么科学的答案，但我感觉是因为害怕看到这样的人，因为自己潜意识里的懦弱和懒惰很容易被"黑曼巴"精神逼到墙角，无处遁形。你觉得他不行，他就行给你看；你觉得他差不多要被打垮了吧，他就越挫越勇。科比的存在让敏感且幼稚的人自惭形秽，讨厌得很。

说实话，我不看NBA很久了。每年总决赛跟着那些可能连篮球规则都不太清楚的人瞎看两眼，那不叫看，叫跟风。我早就成了跟风一族，不同的是我连装都不装了，不会跟一帮球盲在总决赛期间假装发个朋友圈好像自己一直在关注。我自己未来能否拾起对

NBA的热情，纯看孩子会不会有一天守在电视机前追着比赛看了。

科比坠机后的这段时间，我看了有关科比的大量视频，感慨万千。不是因为年少时喜欢艾弗森，喜欢麦迪，不喜欢科比。他们年轻的时候都很厉害，巅峰时期甚至和科比不分伯仲，但很快他们就再也不是一个档次的球员了。我感慨的是，仅仅靠天赋飞翔，飞不了多远，在整个职业生涯中保持长期的战斗力，不断取得成就，需要更扎实的东西，需要超乎常人的努力和坚持。

这些年我越来越觉得，克制、勤奋、努力等等才是人身上高贵的品质。放纵、懒散、颓废大概是这个世界上最容易的事情了，真是不知道为什么相关的姿态会跟酷联系在一起。

回过头看科比二十年的NBA生涯，可谓是完美的个人成长范例。科比就是想赢，就是想当第一，幸运的是他的确做到了，但我认为这只是副产品，**科比最了不起的地方是努力做更好的自己，且彻底践行，是严肃认真地对自己的生命负责。**

18岁时，作为高中生的科比自信地说，我想成为NBA历史上伟大的球员之一。他岂止做到了，他的伟大早就超越了篮球赛场。

什么是
更好的生活

在命运决定你之前

只想要安稳、平凡的生活，有什么不对吗？

谁不想要安稳、平凡的生活？去大城市拼搏啊，奋斗啊，听起来似乎必须得轰轰烈烈。其实不然，不过是寻求更多的机会。这里的确有更多的机会，与此同时，竞争也就比较激烈。但，归根到底是为了更好生活的可能性。更好的生活固然没有一个标准，但我相信安稳、平凡一定是少不了的。

如果一个人在小地方已经过得非常安稳，衣食无忧，并对此感到心满意足，应该就不会有人说：你太安逸了！你必须出去闯荡，混不好你就别回来了！

通常的情况是这样的，一个人在小地方能发挥的空间很小，环境留给自己的可能性也不多，但经过一段时间，很快就能得到属于自己的安稳日子。但好像前进的希望越来越渺茫，往后退的概率也低。真的是安稳了。往往是在这时候，人们才会更容易迷茫。面对一眼望得到头的生活，这时也可能会出现一闪而过的念头——去大城市追逐更多的可能性吧。但有勇气迈开腿的人显然很少。有很多现实层面的顾虑，这是可以理解的。过去几年，我知道有很多读者在差不多毕业十年后毅然选择了去大城市。

以前这种事情不常见，因为信息闭塞，看不见就是不知道。而且人的适应性是很强的，没有了外在的诱惑，自然安分，很快就习惯，日子就这样过下去了。互联网，主要是移动互联网实际上是在狠狠地撕裂这种平静。

我没有调查数据作为样本支撑，仅凭一些观察，我认为小地方的女性对周边的恶劣环境会更敏感一些，这当然不只是因为就业环境和当地的一些传统习俗，还有一部分原因是婚姻生活的重担让"外面的世界"看着更加诱人。一边承受没来由的压力，一边确认自己是正常的。加上女性相对敏感，所以会痛苦一些。

人和资源往大城市集中这种趋势本来就不是谁刻意引导的，人群的聚集是自然而然的，城市化的进程也是如此。比如那些知名的大都市在历史上也都是贸易带来人口聚集，从而繁荣起来的。尽管在这个过程中政策偶尔会帮倒忙，但大势所趋，只是徒增人们的成本。一个人如果在大城市混得不好当然会痛苦，但更痛苦的是他知道自己回不去了。换句话说，就算在大城市的生活没有预想中那么美好，物质条件似乎也很简陋，人们也并不愿意回去，除非被赶回去了。

有些人运气好，家境殷实，从小就衣食无忧，长大了可能也有父辈拼搏下来的一份家业等着他去继承打理。他们往往接受过良好的教育，在家乡就算当个废物也可以过得很充实。这就是命。但多数人的命都很普通，普通得不值一提，在这种情况下你要跟别人在当地拼钱、拼关系吗？这显然不是聪明的选择。外面纵有再多不友好，给你的机会也是远远大于老家的。我相信在大城市里工作生活过的普通家庭出来的人都能深刻理解这一点。

> 然而不管大城市还是家乡，安稳、平凡的生活是多数人的追求。大城市并不意味着每天都要像打鸡血一样。就算是那些带有传奇色彩的人物，他们一生中大部分时间也是简简单单的，高光时刻就是舞台上的两分钟，供人反复咀嚼。

所以，没有人必须去哪里生活，也没有什么样的生活状态一定是对的。只不过，相比之下，大城市有更多机会、更多可能，这是客观存在的事实。如果你是个来自普通家庭的年轻人，这份机会尤其宝贵，仅此而已。

能平安活着本身就是奇迹

前一阵子，有个读者留言，说他的一个朋友自杀了，朋友圈最后分享的是一篇我的文章。他把截图发给我。分享的文章和死没有任何必然联系，但那一瞬间，我想了很多，想知道他为什么自杀，同时也疑惑，看我文章的人不应该这么脆弱。当然，我不了解他的真实处境，即便他告诉我了，在我眼里小事一桩，对他来说可能就是天塌下来了。

生命珍贵无比这句话不需要重复，但很多人可能不知道，一个人能平安活下来并不是想象中的那么理所当然。

说说我自己吧，小时候体弱多病，家人四处寻医问药。那时我真是没少喝中药，现在闻到中药味都很亲切，跟吃到久违的家乡菜感觉一样。我想说的是，我运气很好，中药没把我喝死。

小学一年级前后，我跟一帮小朋友玩一个极其无聊的游戏，手捧啤酒瓶去河边装水。游戏中被地上的钢筋绊倒，一块啤酒瓶碎片扎进左边眉骨以上几厘米，缝了三针。就是这几厘米的好运气，左眼保住了。

小学毕业后暑假的某一天，在海边游泳，准确地说，是双手靠在一个水上浮垫上玩耍。不知不觉已经漂到深水区，而此时我正美滋滋地趴在浮垫上。只见一个不大不小的海浪过来，掀翻浮垫，我整个人没在海水里。伴随一口又一口的海水，我歇斯底里地扑腾。最后不知道是怎么搞的，脚尖终于着地了。运气很好，没被淹死。

高中的某一天，刚下完雨，我跟一帮朋友打球。那天穿拖鞋，光脚打。水泥地上有些修补的区域表面光滑无比，而就是这么巧，被我踩中了，后脑勺撞到水泥地。醒过来的时候已经在医院了。据在场的同学说，我中间醒过来一次，但我记不得了。最终的结果是轻微脑震荡，与脑出血擦肩而过。

大学期间的某个暑假，我蹭富二代学弟的帕杰罗去学校，车上还有其他学弟。大半夜，高速公路上，大家嘻嘻哈哈。富二代学弟将车开到时速将近200公里，炫耀自己的车稳。对了，全车没人系安全带。现在回想起来只能是感恩了，那时就是在拿自己的生命胡闹。

以上这些我至今想起来都感到后怕，所以印象深刻。过去的生活里应该还有很多意外擦肩而过，连后知后觉都不存在，稀里糊涂就过来了。更宏观地看一个人的生活，把所处的时代环境也考虑在内，能平安过完一生其实是小概率事件。

想想战乱年代，随时可能有炸弹落下；想想没有抗生素的年代，随便一个炎症都可能致命。我们的生命曾遭受过严重威胁，但幸存下来，因此往往会低估一些行为的危险性，也会低估平安活着的不容易。听起来不可思议，那是因为死人不说话。

有人心情不好，问我这问我那。提问本身是有治愈效果的，事件经过梳理形成文字，就是理性对抗莫名情绪的过程。实际上任何一个人的情感困惑，他人都无法感同身受，也就是体会不了当事人的痛苦。

但道理是可以听一听的，具体的做法也是可以尝试的。即便完全失败了，依然痛苦，最好也不要轻易寻短见。当然，也有些人说，人家那是解脱了，你又不是他，你如何能明白对方有多痛苦？

我确实不知道，也无法感同身受，这就是为什么安慰人的话经常说了跟没说差不多。但我还是想说（很固执），相比活着这件事本身的来之不易，没什么事值得任何人放弃自己。

如果你还不明白，可以去医院转一圈。去医院走一趟，什么人生意义不意义的，想到自己还健康活着，整个人都踏实了。

我没有理想，没有目标，所以比较开心

我是个没有理想和目标的人。

我小时候是有的，跟多数小朋友一样，对未来有许多幻想。初中时，我甚至想过当个生物学家，觉得野外探险很刺激。谁能想到，我现在是个只愿意坐着不动敲字的死宅，好在还不肥。

对于至今不知道自己想要什么，以至于时常迷茫的年轻人，我想说，你们并不孤独。我也不知道什么才是真正适合我的职业，也不知道这辈子要献身于什么事业，更没有立下誓言这辈子一定要取得怎样的个人成就……我们接受的教育和社会环境一直逼迫我们自我拷问，一定要找到答案。

当然，我也在不断摸索，找了很久很久，什么事我做不了倒很明确，至于最适合我的职业是什么，我的天赋应该用在哪个领域，我这辈子要实现什么成就，很遗憾，统统都没有答案。

我没有理想，没有目标。

你可能会问，那方向呢？这样岂不是完全迷失了，浑浑噩噩过日子吗?

人生如海上航行,这样的比喻可能并不恰当,好像我们的生活真的存在完全不一样的目的地。其实没有,时间是线性的,生活就是日复一日,无论你是清醒还是昏睡,日子就是一天一天过。人生的大方向就是时间的方向,跳不出去,不可逆。

"人生"二字下,众人的欲望和行动交织在一起,世界生机盎然。从这个角度看,个人渺小至极,但从"我"的视角出发,我眼里的世界就是全部的世界。渺小的我们关心的依然是自己眼下的生活,此时此刻的感受,短期的渴望,长远的目标。欲望里写满了热爱生活的证据。

经过多年来的反复思考和切身体会,我有相反的结论:人没有理想,没有目标,会开心很多。

人生多数的不开心都是因为执着于某个目标。

这个目标可以很小,比如发个朋友圈期待点赞数很多,又比如一定要看完几本书。还有逃不掉的目标,比如你工作的KPI(关键绩效指标)。为什么多数人都被工作折磨得死去活来,多数人打心里都是厌恶上班的,因为工作是有目标和考核的,完不成你就会焦虑。那完成了呢? 新目标紧接着就出现了。

人或多或少都实现过一些曾经立下的目标,那种很小的也可以,比如一个月看完几本书。什么感觉呢? 有一丝成就感吧,但很快就有莫名的失落感。没有人会觉得自己取得了什么了不起的目标后这辈子就会持续巅峰,余生必然幸福无比。

不存在的。太阳照常升起，新的一天，新的任务，新的乏味，新的迷茫。

人这一生就如西西弗斯往山上推巨石，没有完满的那一刻。实现了某个目标后，会获得短暂的喜悦和成就感，但感受更多的是满足后直面未来的茫然。实现目标后虚无感的强烈程度与成就大小成正比。只有立即定下更高的目标才能缓解这种虚无感，简单说就是又有事做了。没完没了，直到死去。失败了呢？失败是常态，且必然带来痛苦和沮丧。有些人会因此陷入自责，开始各种自我怀疑。

就说我自己，因为没有目标，不敢说变得很开心，但确实没什么特别的烦恼和焦虑。这并非无欲无求，佛陀饿了也得吃饭，或者说"无欲无求"容易造成误解，不如换成"没有期待"。人的各种欲望我都有，我想，但我不期待。

虽然我一点也不想红，尤其是如果知名度带不来相应的金钱回报，这是可笑又可悲的一件事。有更多的人知道我，并不会让我更幸福。年轻的时候当然有过这种虚荣心，但现在看得很淡。

但是我喜欢钱，多数事情都因为给钱我才做。更高的知名度就有更多的流量，就有更多的广告可接。这个逻辑很清晰。但如果我含着金钥匙出生，或者不小心发财了，我大概率会主动消失，去过我自己想过的生活。但在今天，我由于坚持写公众号文章，在漫长的积累过后，运气还行，虽然半死不活，但的确有了靠流量赚钱的可能。我也不纠结，接受这个交换，接受有更大的知名度才可能赚更多钱这个事实。其实也是因为选择不多，只会写点东西，还有人愿意看。但凡我有点别的本事，完全不想靠被别人喜欢来赚钱。

我爱钱，且相对来说还算勤奋，但并没有给自己设定任何目标和期待，比如一年必须赚多少钱，未来几年我应该赚多少钱，我必须拥有什么。没有，我不知道。就努力试试，剩下的随缘。最近有人说，你要红了。挺好，说明我有更多的广告可接。最终会变成什么样子，我并没有期待。我写就是了。

我喜欢读书，每天都看书，除非忙到昏天暗地。但过去这两年看了几本书，我根本不知道，也不想知道。读书如果还给自己设定目标，比如今晚一定要看完20页才能睡觉，那真的太辛苦了，找罪受。所以读书这件事，仅仅是看，坚持看。这辈子能看几本书，无所谓。

正是因为把这种"没有目标的阅读法"应用在生活的方方面面，我发现生活少了许多不必要的焦虑。没有了期待，就不会失落，无论你期待的东西到来与否。况且工作上的目标要求已经勒得很多人喘不过气了，生活上就不必再给自己定下无数的目标了。

跟此前人们对网络流行语"佛系"的理解不一样，我认为佛系骨子里还是一种被生活捶得无可奈何的丧。没有期待并不意味着消极，相反，很积极，甚至连吃饭这种小事都要试着让自己更加专注。我是认真的，朋友们今天就试试，无论多忙，让自己慢下来，细细品尝那些过去你经常吃的食物。你试着闭着眼睛咀嚼，会有一番完全不一样的滋味，甚至可能会惊讶于吃过上百次的普通饭菜居然如此可口。

广义的"没有期待"不仅与目标相关，还贯穿生活的每一个场景。

不期待别人理解你，不期待别人喜欢你，误解、曲解，甚至恶意揣测都是必然的现象，文明社交明面上都礼貌友好，但谁也管不了别人心里是如何评价自己的。我们就是因为给日常生活设定了太多毫无必要的期待，胡思乱想，各种猜测和疑虑，才扰乱了生活。他/她到底怎么看我，是不是只是碍于面子所以才那样……不值得费神去想。正因为没有期待，所以才能更平静地对未来保持必要的好奇。

面对更多的未知，去尝试想做的事，试试看，或许能找到一件可以让自己很好地坚持下去的事。

我特别烦"这一生必读的几本书""这一生必去的几个景点""这一生必吃的几道菜"这类说法。

没有什么东西是你这一生必须拥有的，更没有什么事是你这一生必须完成的！没有，那些都是毫无必要的执念。

经常有人问，你坚持写了这么久，是非常喜欢写，还是只是为了广告费？我可以有各种漂亮的回答，听起来都很可信，但老实说我已经搞不清楚了，因为没有什么具体的目标，就是很幸运地发现自己可以坚持下来。

一开始野心勃勃，这里的野心不是指赚取广告费，而是指很纯粹的被更多人喜欢的虚荣心和一种传播（我认为的）好观念的内在驱动力，能在此过程中感受到自我价值。但写到今天，所切入的话题更实在，更接近生活，找到了一个对我的这个公众号来说最准确的定位，那就是陪伴，就是缘分。

漫画家斯科特·亚当斯也聊过人生目标的话题，我看完很有共鸣，就是大家想到一起去了。亚当斯建议不要靠目标，而要靠系统来过自己的生活。

> 所谓的系统，就是"你经常做且能提升长期幸福概率的某件事情"。对漫画家来说，这可以是每天画一幅漫画；对作家来说，可以是每天写500字。和目标不一样的地方在于，系统带来的是持续稳定的低级"嗨"流。它们指向的是日复一日充实的生活，而不是某个宏大目标的诱人图景。

系统和低级"嗨"流的说法显得比较具体且形象，是典型的西方知识分子的讲解方式。其实用我们的成语来说就是，细水长流。

值得补充的是，日复一日的坚持恐怕是普通人这辈子创造奇迹的唯一方式。而且，重要的不是要创造什么奇迹，而是实现奇迹带来的愉悦没过太久就会催生下一个更大的欲望。其实这种长期可持续的事情，最重要的就是让日常生活不至于那么乏味，提升幸福的概率。

什么是更好的生活

现在用笔写字的人不多，记日记的恐怕更少，人每天都在手机屏幕上滑个不停，虽然也打字，但比较零碎。如果你心情不好，试着把问题写出来，收获会比你想象中的要大得多。

我邮箱里有一些比较长的来信，来信者开头都提出了自己当下生活的困惑，但经过自己的梳理，到最后其实已经有了比较明显的答案。我相信一开始来信者自己是意识不到的。文字的书写不但有利于梳理思绪，而且过程本身就是一次治愈。

很多朴实的道理，尤其是一些老话俗语，都需要经历过才会有比较深刻的体验。比如这句话：好问题比答案更重要。

把这句话放在问答模式里。好问题不仅有比较强的可读性，指出比较普遍的人生难题，但又是来信者自身独有的，也能开阔我这个回答者的思路。

关于讲述自己生活和工作的苦闷、不如意的来信很多，但有些人连基本的提问都还没学会，又或者连基本的用心把自己的苦闷写下来的能力都不具备。"主任，追求一个女孩子被拒绝了怎么办？""我男朋友不求上进怎么办？""工作上毫无建树怎么办？"……

问题和回答一样，表面上看是一堆汉字的排列组合，实际上事关思路清晰与否，以及是不是真的在认真对待自己当前遇到的问题。随手扔一句话过来，又能期待什么样的答案？只能让人觉得你完全不在意。如果真在乎，不会这样。说不会描述也是借口，只要会开口说话，就应该能把问题说清楚。

断断续续收到很多人的分享，开心虽有，但困惑居多，还有少数让人难过的消息。这么多年来我最大的感受是，对每个人来说，生活都不是容易的事。普通人在生活中遇到的困难是那么具体。

很多事情不喜欢可以退出，可以逃离，可以屏蔽。生活无法退出，无法逃离，无法屏蔽。只要活着，你就在生活。

生活无法退出，但生活定义广泛，可以切割成无数种生活方式。人每天努力工作，就是为了将来能过得更好一些。

但什么是更好的生活？更强的经济实力只是一种体现，总的来说跟自己以前的生活比，当下有了更大的选择自由，未来更有希望，这就是更好的生活。

每天都有数不尽的问题，我们都在期待答案。但很遗憾，多数时候不是我们不知道答案，而是希望听到想听到的答案。

当个废物又如何

最近反复被问这样的问题：沉迷游戏怎么办？有拖延症怎么办？总是提不起劲儿来工作怎么办？发现自己是个废物，啥都不会，很迷茫怎么办？……

虽然具体来看，问题不太一样，但在我眼里都是一类问题。发现自己并不那么"积极向上"，更痛苦的是，发现了却改不了，或者改变的热度只够维持三分钟。越是意识到这个问题越自责，好像看到家里着火了，但不知为何迈不开步子。这时人就十分焦虑。

之前在回答拖延症相关的问题时，我都是比较简单粗暴地回答。你就拖吧，不用纠结，拖到最后一刻，如果每次都能在最后一刻"绝杀"，这种惊险刺激可能恰恰是你想要的。如果拖着拖着就出大事了，相信会给你一个不小的教训。

随心随性？佛系？怎么形容不重要，我想说的是，人往往越想改变就越难改变，就越会因此而痛苦，陷入自我怀疑。

比如说失眠。很多人都害怕失眠，怕得要死，以至于到点了没睡着就开始浑身不自在,陷入极度焦虑,立即采取传说中的各种助眠的办法,比如喝个热牛奶,或闭上眼数数羊。结果越不想失眠越睡不着,心情糟透了。一些思想家说过,健康的心态就是明天的事明天再想。说得真好啊,要能忍住不胡思乱想谁还会失眠?

很多焦虑不是来自"不积极向上"本身,而是因为"太想改变了"。注意,希望自己变更好,拥有坚持做某件事的毅力,这没问题。问题就在于改变的想法过于强烈,这无形中给自己施加了巨大的压力。在这个过程中,反反复复自责和焦虑,但改变并未发生。

某些假期,我可以一两天就躺在床上,除了吃饭和上厕所,其余时间都待在被窝里,看书或者看美剧。我看着窗外的蓝天心想,这么好的天气不出去,暴殄天物!但越这么想,越不想出去。体内好像有一股力量在跟自己作对,就是要糟蹋这样的好天气。就这么颓废了两天,第三天,什么天气不天气的,赶紧出门,受不了了!出门的那一刻,感觉自己好像刚从监狱放出来一样舒爽。

当我原本计划周末把某本书看完,结果时间都用来看电影或者干别的事情时,以前我会很懊恼,认为又浪费了时间。现在这样的心理认知变少,是因为发生这样的事情我接受了。可能是状态不对或者别的什么原因,这个周末就是没看几眼。

达摩可以面壁九年,普通人是闲不住的。真让一个人无所事事一天,没问题。一周呢?差不多到极限了吧。一个月?绝对崩溃。不信谁试试一个月不做任何事,给你一个夏威夷的阳光沙滩,开不开心骗不了自己。

只要不是活在孤岛上,人都避免不了他人的审视。没有任何一个时代的人像今天的人这样焦虑，我们的大脑被来自本不该需要我们关心的信息干扰着。以前你只知道你的同学混得如何，今天你可能每天看到一个比你更优秀的同龄人，尽管存在媒体固有的渲染套路，是不是更优秀你也没机会搞清楚，但你焦虑。

这些年，全民跑步健身，难免让一些人心慌，觉得自己十分废柴，身材没别人好，想动却又不行动。很沮丧，怀疑自己是不是个废物。也许此时此刻你就是个"废物"，在改变这件事上你只停留在"想"上面。

那为何不换个角度想，接受自己行动不起来这件事，说明身材不是那么好这件事对你的生活影响不大，至少不是真在乎？

一方面我肯定是支持人有堕落、愚昧、当废物的权利，另一方面我当然也希望人最好能充分实现自己的价值，不白来人间一趟。当个废物又如何？这句话肯定不是鼓励人们理直气壮当废物，而是说，很多毫无必要的焦虑不是源自认识到自己是废物，而是源自以为自己想要改变就能改变，但实际却不然。我相信，真正需要改变的时候，行动会自然而然发生。

人生过不下去的感觉

Q: 吴主任，关注您挺久了，没想到有一天我会找您倾诉。父亲小时候患了小儿麻痹，造成了他左小腿残疾。我因此小时候常常自卑。长大以后，我自己调节过自己的心理，告诉我自己，不要怨天尤人。今年27岁，毕业已经三年，做程序员，这三年积攒了30万元。在刚毕业的时候，我会觉得30万元很多，可是现在我越来越觉得30万元太少了。程序员又是压力大的职业，突然有一种看不到未来的感觉。主任，您有过那种人生过不下去的感觉吗？您怎么排解这种情绪呢？

毕业三年有30万元储蓄，我该怎么夸你呢？相比之下，我毕业四年仅积攒下几千元。不太记得了，好像毕业七年了，我也没存下什么钱。当然，人与人之间没什么可比的，只是你问我，我就忍不住想起同期的自己，比你差远了。

人生很有意思，一开始特别着急，可能跟年轻气盛有关，无论是思想上还是行动上，没有慢的意识。初入社会，除了少数幸运儿，多数年轻人浑浑噩噩，找不到方向。年纪稍微大一点之后，个人的身份在职业、财富、见识、人脉等方面的共同定位下稍微清晰了一些，反而不那么慌了。大白话就是多少上了轨道，安全驾驶就是了。

程序员，有一技之长，27岁，30万元存款。就算你硬要跟同龄人比，有这样的阶段性"成绩"也算得上佼佼者。只不过当你考虑结婚、生子、买房等人生大事的时候，你又会觉得这钱完全不够。

这件事的结论是，**生活的不容易从来不只是针对你。**

除非你铁了心要一个人过活，或者选择"丁克"，这样的话当下可能就是你压力最小的一段时间了。"未来"这个词很有意思，说"相信未来"就像顺口溜一样，但其实过于乐观；说"看不到未来"则过于绝望消极，以至于将当下看得一片灰暗，彻底否认当下拥有的一切。

明天是未来，明年也是，十年后也是。所以到底什么才是未来？你看不到，我也看不到。明年会怎样，我自己都不知道，就像2020年之前，这世界又有谁能预知影响全球的新冠疫情呢？

想明白"未来"这个词的欺骗性之后，我就比较少去想未来这件事了。或者说我更愿意落实到具体的时间点，也不太远，比如这半年大概率是什么样的状态。重要的是今天和明天，最多这个月，手头要做的事。未来不可知，也不是说彻底不去想了。如果确定坚持的方向是对的，那就一点也不着急了。

我们这种普通人选什么方向是对的？这恐怕没有答案。但考虑到每个人的终点都是衰老和死亡，除了不必去嫉妒和羡慕任何人，或许可以这么说，人这一生可能根本就不在于必须追求什么，必须成为什么样的人，必须获得什么样的成就，而仅仅是体验什么。

我们都是"意外"来到这世上的，看看自己能走多远，这是好奇心，而不是某种明确的目标。大家或多或少都体验过目标实现的感觉，激动过后更多的是无尽的空虚。生活还得继续。正是每个人独特且不可替代的经历造就了各种完全不一样的人生。

生活、工作，包括心理状态在内的身体状况都有失序混乱的倾向，我们活着的每一天都必须努力让能掌控的部分变得更加有序。真的是每一天。所以生活的本质就是辛苦。赚钱只是多数人当前重要且紧急的任务，绝不是全部。我倒也希望钱等于幸福，这样事情反而变得简单，这个世界上多数人的生活也将会轻松很多。

我年轻的时候何止是看不清未来，我甚至一度觉得自己都没资格去讨论看不看得清未来这件事。我的意思是，论人生低谷，我的谷底要比大多数人要深，是无底深渊。你今天的处境在当时的我看来，简直就是站在一座小高峰上，但你却觉得人生过不下去了。

你需要调整一下心态，否则你有500万元的存款时也会觉得很痛苦，毕竟500万元在一线城市也就只能买个普通地段的两居室。你有1000万元的时候也会痛苦，因为你够不着那些别墅。你有2亿元的时候也不一定开心，因为你出国参加高端论坛时会发现自己的飞机跟阿拉伯王子们的豪华专机相比就像玩具飞机……

怎么调整心态呢？

第一，认清现实，反复认清，你这辈子大概率就是个极其普通的人。我反正一直是这么看自己的，这样有好处，万一不普通，就当是中奖了。

第二，说到中奖，人生发大财靠运气，所以不要被当今的各种财富神话影响，多数人能力不会比你我强多少，就是赶上好时代，跟对好项目了。

第三，你才27岁，从零开始奋斗十年也才37岁，你慌什么慌呢？

第四，接受自己极其普通，而运气则完全无法把握，剩下的就是专注当下。就算你是个笨蛋，像头牛一样，一点一滴积累，十年之后，你看看吧，生活不会亏待努力的人，你收获的将不仅仅是金钱，整个过程都是奖励。

第五，未来你会变成什么样，经历什么样的事，遇到什么样的人，这个世界会变成什么样，你不好奇吗？

朋友，保持好奇，专注当下，坐看云起。人间是真值得。

寒门本就难出贵子

今天要说的是寒门出贵子这件事。"寒门""贵子"，看到这些字眼，有些人的神经就被击中了。好惨啊，大家都是普通人，如果在大城市漂泊，忍不住感叹命运的不公，阶级的固化，人生的残酷，心酸不已。

不管你是什么门出身，寒到什么程度，你也不得不面对一个事实：寒门本就难出贵子。你想吧，如果寒门容易出贵子，那豪门怎么办？豪门出来的是什么子？都这么容易，也就不存在贵不贵了，都贵也就都贱。

每一个时代，作为社会中流砥柱的中年人埋头努力奋斗，不是为了家庭和孩子，难道是为了均贫富？如果寒门容易出贵子，那祖祖辈辈奋斗的逻辑和意义都荡然无存了。很残酷啊，人和人的起点完全不一样。豪门出身的人就是大概率有更好的未来，因为祖上的积累。

一个心态健康的人应该是可以认清并接受这样的现实的，也就不会被哭丧一样说"寒门难出贵子"的垃圾文章戏弄、牵着走，流着泪分享。哪怕完全是真实的故事又如何？

寒门本就难出贵子，但并不意味着完全没有机会。社会和平安定，没有战争，一个普通人努力工作积累数十年，再寒的出身也一定能让自己的家庭有个本质的飞跃。

往上追溯，如今的豪门，排除一些禁止讨论的个例，多数豪门祖上也是白手起家。老一辈的代表人物是李嘉诚，近一点的有这些互联网新贵，至少我们都知道雷军、丁磊都是普通家庭出身。

这些例子如果太极端了，属于极低概率，那么就看看这些年互联网上市公司里的前一百名员工吧，这一波人群，几万人是有的。

非要跟豪门出身的人比，那就是自讨没趣了，你奋斗一辈子积累的财富可能也没人家一个零头多。我高中同学一毕业就跟着亲戚做生意，一年上千万元收入，从宝马换到保时捷，一年一辆，怎么比？我虽羡慕他的出身，但那跟我确实没什么关系，我也不会因此觉得命运不公。

所以，要跟自己比，跟自己的过去比。任何时候，都应该只跟昨天的自己比，跟十年前的自己比，进步的意义就是这样的。而不是跟别人比，别人什么家庭条件，你有吗？

平静接受无法改变的，勇于改变可以改变的。

无视才是最好的安排

有女读者问我，遇到一些貌似追求者，不停地找自己聊天，不会觉得不礼貌，但没啥好说的，不知该如何处理。若建议直接跟人说清楚，可对方并没有很明显的"表白"，只是不停地没话找话，这边突然来了一句"对不起，我们不合适"，难免显得自作多情。更多的女生可能不懂如何拒绝。

其实好办得很，不希望对方骚扰，又不想把场面搞尴尬，最好的办法就是冷漠。她或他们做得最差的部分是拒绝或者生气，一来二去的，骚扰狂们十分享受，因为这不就是互动起来了吗？如果觉得拉黑会刺激到对方，那就消极对待，冷漠无视。说"哦""好的""哈""牛"，诸如此类的，像个机器人。保证对方过段时间就会意识到欲望的铁拳打在了棉花上，只好换个善于互动的目标。

这个话题其实蛮有意思，互联网时代之前的人，交际圈很小，最多环村几公里。从有网线开始，从聊天室到QQ，再到如今的微博、微信，人和人可以瞬间建立联系，莫名其妙，原本这辈子都不可能有交集的人们，居然也能说上话，混在了同一个诡异的群里。

这是积极的一面，什么样的人都能找到自己的组织。我现在生活中的朋友几乎都是早年的网友。互联网再强大，但回到现实生活，每个人的时间和精力跟过去一样，能处理的人际关系就那么点，人能记得住的名字也是有上限的。所以，坏的一面必然出现，随着信息流的畅通，必然混入一些后来令人厌恶的人。谁的人生没有踩到狗屎的时候？而生活中所有让你烦的人和事，都应该尽可能地远离、无视。

我大概是2004年开始有了自己的电脑，每天就是聊QQ、看电影、逛论坛。对，我不怎么玩游戏，偶尔打一下《红色警戒》游戏，多数时间就在论坛上跟人吵。那时关注的焦点无非流行音乐和篮球，大学生多无聊啊，每天就那点破事，但也确实熟练地掌握了用键盘吵架的本领。

后来这种不良习惯无缝连接到了微博。反正，以前我在微博上不管谁骂我都会回骂，睚眦必报。而且平日里发的东西颇具有攻击性，激怒一些不知道哪儿来的网友也是自然的事。倒是写文章的时候还算温和。

不是我不生气了，而是我知道没必要。看一下极端的例子，那些真名人微博下的评论，整个就是村里通网的大型现场。如果那些名人有心一个个骂回去（当然他们不可能这么干），一天24小时加个助理一起伺候都不够。如果李彦宏也有微博……不敢细想，总之，李彦宏老师不开微博是聪明的选择。在他们眼里，网上的用户不过是一个个符号而已。主要是人家确实没时间去搭理这些。

这是互联网的言论生态，没人知道你是谁，但有了微博、微信之后，一切都不一样了，普通人也要面对各种背后的议论。以前人和人还得聚在一起唾沫横飞，现在微信群每天都可以说三道四。身边总有一些人对你有些看法。有Wi-Fi的地方，就有闲言碎语。

道理很早就知道，但行动反反复复。也就是这些年，不记得从哪天开始，我确实已经懒得再骂了。当然，也有人说是年纪大了，这个我持保留意见。我想是因为经历的事情多了，明白时间宝贵，有更重要的事要做。

前阵子研习的"随喜心态"派上用场了。如果有人瞧不起我们，那就说明他觉得自己比我们牛。不管是哪方面吧，总之他肯定觉得自己挺牛的。那我们要随喜他的功德，赞叹他的骄傲。

但你看到了有些人在骂你呢？随喜归随喜，也不能太亏待自己，拉黑是必要的。拉黑是与之隔离，是互联网时代最伟大的发明。然后在心里呢？报以祝福，希望他们能一直这么愤世嫉俗下去，他们的生活想必也会因此美好许多，赞叹他们的自信。但记住，不要回骂，一骂就是互动，太给脸了，不经济。

修行不够，心里骂一句，十分自然，毕竟是需要一段时间才能真正学会随喜。在此之前，我们要无视和冷漠，这是对待无关紧要的人和事最好的安排。

在下是一枚鸡汤界的新人，而且熬制的是那种正能量鸡汤，鼓励大家积极面对生活，听起来好像我爱这个世界的每一个人。怎么可能呢？菩萨那里都有其坐骑偷跑出去阻挠唐僧取经的。然而佛祖高高在上，拈花一笑，在他眼里就算你是只猪，也有机会立地成佛。佛祖还是讲究啊，普度众生，慈悲为怀。

我境界不够，错在自己不够忙碌和充实，以至于居然还能为那么些人调动情绪，付出注意力。来不及无视，怨不得任何人，是我修行不够，犯了我执。这也证明了，道理懂了没用，实践起来总是要费点功夫。

还好，我是个执行力比较强的人，笨鸟先飞，执行力强，而且很有韧性。希望有一天，心里没有恨，只有随喜。让那里人占用了自己宝贵的注意力，不值得。马云说了，只有心中无敌，才能天下无敌。

人只要还在人群中活动，这种屏蔽噪声的锻炼就有必要。今天没有，明天也会遇到一些。越早把自己的心态调整好，专注于真正值得关心的人和事上，生活就会越幸福。

祝福喜欢我的人都能在某一天获得这种能力。

至于我那些讨厌的××……咦？它们是谁啊？

当你习惯性坐等答案投喂

有人喜欢大便，就必定有人售卖大便。按理说基于自愿无可厚非，但这是商业世界容易为人诟病的一种现象。不过，其实我们一直都有相对"文雅"的描述，叫"得屌丝者得天下"。市场就是这样，也许你瞧不上，但有人就是能洞察某个庞大群体的需求，迎合也好，讨好也罢，一拍即合。

很多瞧不上的人可能没有认真想过，能够迎合也是一种能力。运用这种能力还不用在良知上纠结。比如对于一些高票房的烂片，鄙视它们的从业人员，就有信心拍得出来？

但与此同时，我们依然坚持那些东西就是"烂"。如果吃过、用过、看过好东西，就很难自欺欺人对烂东西赞不绝口。理论上再怎么强调审美趣味，最终都会败给"我喜欢才最重要"。信息的真假、观念的好坏对人的影响被低估了。并且也没有人有义务帮你分辨信息真假、观念好坏。

人自身的弱点早被商家摸透。在信息和观念市场也一样。惊悚的谣言更容易得到传播，挑拨人的情绪更容易获取共鸣。这些只要写两篇文章再看数据就全明白了。它们就像是写在人类基因里的套路公式一样，永远有效。就这样，大量携带情绪的噪声四处穿梭，最终总会被更多人听到。

听起来似乎很悲观，并不是。就如同我对烂片横行这件事完全不在乎一样。我认为人是会进步的，消费者是无情且挑剔的……但一个重要的前提是，环境应该允许各种信息的竞争。就好像吃饱饭也才没几年，人们已经开始提倡健康饮食了一样。谁不想遮住食物热量表放开了吃呢？但我们也看到很多人在饮食上变得克制，并不仅仅是为了身材更好看。人一胖，身体毛病就变多。同样地，健康饮食的风一旦刮起，无数商家也会开始普及相关知识。

我们获取各种各样的信息，有时是为了打发时间，有时是让自己愉悦，还有时是想了解当下热点。当然，也有很多人是热爱学习，要获取新知。所有这一切的背后，都有一堆人在试着讨好信息的潜在读者。

牙膏刚被发明出来卖不出去，因为人们感觉不到自己牙齿变干净了。后来有聪明人加入了薄荷，一下子就让牙膏流行起来了。因为薄荷的清凉，让人觉得自己的牙齿变干净了。但负责清洁的显然不是薄荷。

这几乎可以完美解释为什么贩卖号称浓缩知识的人喜欢不停地创造词汇。因为受众者有"新知"的获得感，生造的词汇就是牙膏里的薄荷，它让人有快速获得新知的错觉。

要破除这种错觉很简单。真正认真学习过东西的人都能明白，学习这件事根本没有捷径，有的只是不间断的积累，很辛苦。无论多么精湛的、大师级别的学习方法论，也无法绕过自身努力的部分完成学习。

人很擅长骗自己，买下一堆书就觉得完成了一半阅读任务，办完健身卡似乎下周就能瘦，交钱买几门课应该很快就入门了吧。这么一说，谁不懂呢？都懂。但懂再多的道理也没用，因为明白道理的根本目的是行动。换句话说，如果行动起来，懂不懂这些道理无所谓。比如看完一本大部头其实特别容易，要么定量，一天一章节；要么定时，一天半个小时。不知不觉就看完了。

绝大多数号称轻松快乐的学习，让某领域大师给你浅显易懂介绍的那种学习，如果非要说好处的话，就是满足猎奇心态。猎奇嘛，看着都很有趣，一上手就没戏。

> 无论是审美的提升，还是真正意义上知识和技能的获得，本质上都是个人成长的重要组成部分。这些只能靠自己完成。

荣格是这么说的，如果某个东西个人只能通过自己的努力和磨难才能获得，那么环境就不能把这个东西当作礼物恩赐给他。恰恰相反，太过有利的环境只会强化一种危险的倾向，即个人把所有东西都寄希望于外界。

怎么来理解这段话呢？无论美丑、真假、好坏，总有人告诉你。久而久之，你就习惯性地等待别人来告诉你，给你答案。最终，你将可能永远丧失辨别的能力。

别攀登高峰了，人生应该是一幅画

问登山者为何爬山，回答是因为山在那里。

王小波在谈自己为何写作时开头就是这么一句对话。他说很喜欢这个回答，明明是自己想爬山却说因为山在那里。

虽然在那篇文章里王小波绕了一圈，阐述了"以现实收益出发，职业写作并不明智"的道理，但显然答案依然是，"因为山就在那里"。

登山常用来比喻人生。有人在山顶，有人在山腰，而你通常就在山脚下绝望地仰望。站得更高看得更远，高度决定视野，视野决定格局……这样的顺口溜已经是当代有志青年的口头禅了，非常形象。金钱与地位，甚至品位也都有了高下之分。

日常生活中，我们也会用"高看自己""贬低他人""人生巅峰""情绪低谷"等词语。这样的表达习惯很难也没必要改变，人们还会这么使用，因为它们有助于完成沟通，无可厚非。只是这样的语言体系，让有关人的一切都十分自然地被置于高低坐标之中，一目了然。

品位有差异，但高下之分的描述是语言带来的曲解，意味着不准确。这背后有非常不浪漫的冷冰冰的科学解释——多半跟不同年龄段所分泌的激素有关。

无论时代怎么发展，年轻人所向往的就是喧哗与骚动，而被强烈认可的心态是无病呻吟。人追求的一些东西很容易过时，因为太消耗精力，所以中年人会更加渴望岁月静好，因为折腾不动。于是在审美上会很自然地发生变化。

有人的地方就有江湖，就有派系纷争，也就有了组织内部的等级秩序。不同的人混组织的能力方面的差异也就凸显出来。其中当然有巨大的运气成分，比如一个笨蛋跟随一个大佬创业成功，也能人模狗样地变成所谓的"成功人士"。

钱非常重要，虽然每个人对其认知有细微差异，但钱根本上决定了人在这个世界上的行为能力。无论用钱来做什么，有钱更自由大概是没错的。正所谓没钱寸步难行。于是所有人走入社会的那一刻，无论主动被动，都成了地位和财富的攀登者。

中产阶级最惨了，仰望遥不可及的顶峰，俯瞰尾随追赶的大队伍，十分焦虑。最终每个人都会死在这个纵向坐标里的某个刻度上，代表了他这一生到达的高度。

开个玩笑，但人很容易也跟着把自己的生活置于高低坐标之中评价。

也许王小波对写作有敬畏之心，在他眼里，写作如同登山，包括自己在内的诸多作家都有其相应的高度。但在我看来，写作不特别，跟做豆腐和织毛衣差不多，只是一种技能而已。每个人或多或少都有一些技能，有的精湛一些，有的平庸一些，用高低形容并不准确，只是成果不一样。

除了极少类似运动上的比较，人和人的差别只是存在状态的差别，并不存在真正的位置上的高低之分。生活更不应该类比成攀登高峰，跟其他人比高下，无论是地位还是财富。这是语言配合形象思维对认知的扭曲。

生活是什么呢？就是日常的一切啊。乏味居多，以至于多数人不停地想办法打发时间。有了智能手机的今天尤其如此，刷一下短视频，几个小时就过去了。打发时间的意思就是期盼明天，明天还是这样不是吗？明日复明日，总有某个明日是死亡日。想想是有些可悲的，好像每天都在忙着快点到达终点。

但就算是机械一般的重复，每一天其实也是不一样的。平常很难察觉，但倒回个五到十年，自己和身边人的变化就清晰可见了吧。人每天的状态，无论外在还是内在，都是过去每一天的积累。每一天都会在生活和记忆里留下痕迹。

所以相比攀登高峰这种总会得出一个高低的说法，我更喜欢把人生比作一幅画。

从出生开始，人每一天都在一点点绘制一幅属于自己的独一无二的巨型作品，充实是一笔，无聊是一笔，空虚也是一笔，怎么着都是一笔，不可捉摸的命运也时时刻刻地在参与创作。到一个人死之前是看不清这幅作品的全貌的。

这带来一个很有趣的真相，人的每一天既重要又不重要。短期的得失重要吗？就一幅尺寸巨大的画作来说，一两笔的涂抹不影响全貌。可是这幅画最终的呈现又依赖于每一笔的涂抹。

　　每个人的生命或长或短，都是一次大型创作，由本人和命运联合署名。跟所有作品一样，有人满意，有人则不然，但无论如何都不应被纳入高低评价体系。

　　人如果总是在向往和模仿他人的生活，就是在浪费和忽视自己最宝贵的东西，就是在忽视本该属于自己的独一无二的生命体验。更不要在意"评论家"的看法，外界的评价其实也都没那么重要，因为没几个人真正关心你的生活。

　　祝愿每个人都能绘制出属于自己的精彩作品。

在意别人的看法不是你的错

很多读者都会因过于在乎外界的评价而苦恼。有些人甚至因为觉得自己内心太脆弱而自卑自责。其实大可不必，因为这种特质应该是进化的产物。

想一下这个问题：内心的自我评价和外界评价，对尚处于狩猎采集生活方式的祖先而言哪个更重要？

今天不管什么原因，也不谈孤独的煎熬与否，理论上一个人可以做到谁也不理。无亲人，零好友，独自过一生，只要有点钱不至于饿死。尽管这样的生活不怎么美妙。

但对狩猎采集时期的人而言，别人怎么看自己，那可是关乎生死存亡的大问题。生存环境险恶，独活基本办不到。人类祖先的生活很大程度上取决于别人对自己的看法，也就是说部落同胞的看法决定了是留你在群体里，还是将你从集体中驱逐。那些我行我素，不管外界评价的祖先，逐步被淘汰出局，这类对外界评价麻木的天生特质也就从基因库里消失了。

所以人天生在乎外界的评价原本是一种生存优势，时刻检验外界评价以调整自己的言行。另外两个无法忽略的成长环境就是家庭和学校。

熟人社会的环境和舆论压力，导致很多人最初进入陌生的大环境时都会有一种摆脱沉重包袱的快感。

人类快速城市化，进入了一个陌生人社会，以及更为广阔无边的虚拟世界——互联网。但人身上的这种特质经过漫长的进化不会突然就消失。在陌生社会和虚拟网络上新建的"人际关系"，早已不是关乎生存问题的重要连接，但大脑无法快速区分跟之前封闭的熟人社会的区别。

从此，原本的生存优势荡然无存，并正在困扰着不少人。

熟人社会中，人与外界的接触非常有限，能记住名字的人通常不超过150个。但今天很多人的微信好友列表都远超这个数字，这里有同学、同事、合作伙伴等，十分庞大。微信朋友圈也许有各种说法和意义，但一定跟"朋友"两个字绝缘。再加上微信之外的其他一些平台，每个人都暴露在外，背负着大脑处理不过来的关系数量。

一般人不需要靠经营自己的人设赚钱，只是普通人，但生活已经离不开互联网，因网络而连接的各种虚幻的关系网，让所有人的表达都变得极其便利和即时。人总是"闲聊"着谈论别人，同时必然也会成为被谈论的对象。网络上的表达又相对不克制，且充满意外，一不小心说了什么，可能就有莫名其妙的网友前来围观。

其实简单回顾一下虚拟世界的平台变迁，就会知道这种网络关系是多么虚幻和不真实。当年的QQ好友，还有几个人在微信好友名单上？现实关系随着为生活各奔东西而逐步断了联系。过于关注某一时期外界的评价很容易扭曲快乐生活的真相，最惨的是浪费了太多注意力在无关紧要的事情上，收获的只不过是一种精神紧张。

每个人在梳理往事时，时间一拉长，真正重要的事情就那么一些，清晰地浮在记忆湖面。

当然也不是说我们就真的不管不顾，好像周边仅剩一团空气。相反，今天的传播如此快速，好名声自然也传得更快更广。但也无须在意，而应专注于自己的事，诚以待人，毅以处事。坚守这些品质，同时学会用洒脱和疏离的态度来对待外界的褒贬。

对人品自信，自然不需要惧怕不知从哪个方位泼来的脏水。更高效和聪明的做法是听都不要听。感谢社交媒体的拉黑功能，一切只要你认为是骚扰你的人通通拉黑，**所有的注意力都放在自己和自己爱的人身上，做自己的事，做让自己开心的事。**

人和观念也就随缘吧

人们以为的好运气不外乎出生在富贵人家，又或者在穷困潦倒之际突然听说自己继承了远方表舅的一座城堡，彩票中奖，创业赶上风口之类的吧。大多是跟金钱相关。

钱很重要，生活里我们谈责任和自由的背后实际上谈的也是钱。对钱的渴望也比较直观，但把运气仅限于飞来横财是过于狭隘了。

有什么样的父母，遇到什么样的老师，碰到什么样的同事，结交了什么样的朋友，无意中看到了什么书，获得了什么启发……都是运气。

听起来有点像"七分天注定，三分靠打拼"。

承认运气在生活中的重要性对人的心理健康也有一定作用。正确理解运气，不对自己的处境过于自责，不将失败归咎于是自己不努力、活该。从整个社会的角度，我们也应该明白，很多人并不是不努力才让处境变得艰辛。原因有很多，能说的不能说的。但与此同时，你若稍微仔细观察身边人的生活状态，就会发现另一个事实是，有不少人确实早早就自我放弃，混吃等死，但给自己的安慰是"唉，人生都是运气"。

"运气"确实是一张极为好用的懒惰的遮羞布。

我们把跟努力不直接相关的环境因素统称为运气，其中有些完全无解，有些则不然。

比如一个人出身于农村贫困家庭，这没法改变，但他若是想要改变自己的命运，比努力更重要的是选择去哪里奋斗。

又比如一个人在学校里非常不适应，学习成绩很差，被老师忽视，便开始自我怀疑、自我贬低，这是一种人生。但如果有人告诉他，那不过是学校的标准化考试并不适合他，要学会寻找自己更擅长且有激情投入精力的事情做。若他能有机会意识到这一点，也许他活出的会是另一种人生。

从这个意义上说，运气可以改变。当然跟风水大师嘴里那种改运不一样，这里说的让运气变更好，需要眼界以及正确的观念。

说个自己的例子吧，回想起过去的愚蠢也是历历在目。十多年前，我大学刚毕业，厦门几千元一平方米的房价在我眼里已经高不可攀了。当初我那张稚嫩的脸写满了疑惑，这得赚多少钱才买得起啊？于是乎，当时只要看到那种说中国房价存在大量泡沫的文章，我就觉得十分有共鸣——没错，都是炒出来的！看到骂开发商的文章，我在心里也是暗暗点赞。

有个专业名词叫"验证性偏见"，它是指人们一旦认定了自己的判断，就会下意识地尽自己所能去寻找角度来证明自己是对的，而不愿去了解真正的原因，甚至对更有说服力的解释视而不见。

幸亏那时没有社交媒体，否则我必然丑态百出。

今天的房价大家都知道了。当年的我对房价的判断依据是什么？其实很可笑，只是自己的和身边认识的人的收入水平，以及一些迎合大众情绪的文章。这种文章在包括当年的我在内的一群愚蠢的人的脑子里有巨大的吸引力在于，有专家背书。看这类文章的时候哪里有思考，只不过是立场为王，站在一条线上就行了。用一个成语来说，一厢情愿。

因为这种情绪上的不甘心和收入低导致的某种不公平感，彻底剥夺了稍微理性些的逻辑思考。房价的问题特别简单，一句话，供求关系在快速城市化和超发货币这两大背景之下的变化。

如果问题是今天哪个城市的房价涨还是跌，有些算命的会告诉你他们的答案，我不是算命的，没法回答，因为跟未来完全无法预料的政策有巨大关系。但毫无疑问的是，人口聚集的趋势不会变，大城市的住房需求就是旺盛。一个模糊但不会错的结论是，只要经济不出现非常意外的恶化，长期来看大城市的房子的价格是稳定的。

我认为十几年前，有些明白人是完全能预判今天的房价的。很少，但一定有。以他们的知识储备和经验，靠直觉都能知道房价被严重低估了。你说我当年要是也看了这些人的文章我会怎么想，会觉得非常有道理吗？不会的。因为情绪上不允许，觉得对方不过是在胡说八道。这就是知识结构和眼界不同造成的。没辙。

当然，年轻人通常都没钱，就算知道了在当时也买不起。但这不是重点，重点是人应该逐步学会以更冷静、更务实的心态看待世界。至少要知道我们都很容易陷入"验证性偏见"，这会导致我们做出比较糟糕的选择，等结果出来，就说运气不好。

倾家荡产的赌徒一定觉得是自己只是运气不好。

观念也好，或者叫理念也好，涉及的不只是宏大的社会问题，具体到个人日常生活也是如此。几乎所有人都焦虑迷茫过，没有过的人才不正常。但是如何应对焦虑和迷茫要通过认知来解决。急于求成是人类的通病，也是造成焦虑的一个重要因素，别说赚快钱了，就说读书和学习，畅销的总是那些神秘速成法和各种绝招。上当受骗不奇怪，只是认知缺陷。

我得承认我的运气不错，十年前有机会碰到一些不错的作者、一些不错的书，并恰好有机会不得不耐心学习。持续地阅读、思考、写文章，就一定有进步。这也算是我在用自己做实验来验证从来不存在速成法。

多年前让我大开眼界的一些认知，大致是一个框架，一个观察世界的相对正确的框架，离成品还有十万八千里远。在观念的完善和表达上，我还有很长的路要走，所以就一点也不着急。

即便是正确的理念，你或许以为自己都知道了，也需要日复一日地重复，在阅读中将之转化为一种思维习惯。就像我现在看书，绝大多数书的大致观点对我来说毫不新鲜，但是某些书里哪怕有那么一两句话，某个例子，甚至某种角度的解释让我觉得有意思，我就觉得没白看。没有耐心是做不到这一点的。

人对这个世界的整体认知无法被精密地切块分类，这一堆我都知道了。嘿，某某政策不合理！嘿，私有财产权神圣不可侵犯！嘿，要努力要奋斗！要珍惜时间！嘿，心中有爱才能让自己体验到幸福！还可以列出很多，但也不过几十条。好，再说历史事件，来几条浓缩版的史实，最好能有戏剧性的细节，饭局上侃侃而谈。

是不是知道了这些之后整个人就牛了，厉害了？想不到一个人要掌握正确的理念，要开阔视野是如此简单？这其实就是一种急功近利的获取信息的方式罢了，急于求成，只看标题和结论，在今天尤其普遍。

注定是记住了一些口号罢了，投机取巧。应用在具体事例中也不过是生搬硬套。遇到稍微改头换面的谬论就彻底蒙了。说个大白话，只是记住结论都不是真懂，连掌握皮毛都算不上。

理论都很抽象，生活却很具体。在生活中，需要体验的各个方面，都是抽象无法触达的。哪怕只是用理论生搬硬套地解释现象，没有生活经历的人也会常常陷入一种误读。这种感知能力的获取，需要的是理论思考与生活体验的反复磨合。最怕的是自以为聪明的"我都知道了"。

如果一个人能够认可一切知识和能力不存在神秘的速成法，那么同样的道理，绝对不存在看一两本书、几篇文章就有一种"我都知道了"的现象。

说来说去，知道这些本身也是运气。人和观念就是一种缘分。随缘吧，就像你们能看到我的文章。能看到的都是缘分，妙不可言。

都是缘分

都是缘分，也可以说都是命，也可以说都是运气。但运气显得毫无感情，而且指向性上也过于功利了。

为什么"都是缘分"呢？就是人和人之间的关系都是缘分。所谓"打造人脉"一说，倒并不是全无道理，但"打造人脉"这种打鸡血的说法实际上是说人脉可以打造，约等于说努力就一定能成功。然而，这显然不是事实。

> 勤奋和努力只能在业务和技能上让人精进，至于是否能取得世俗意义上的成功……
>
> 越大的成功越依赖运气。

比如那些早期加盟后来上市的创业公司的人，公司一上市就暴富，这种快速致富与努力或者能力是毫无关系的，只是运气。

金钱如此，名气亦然。

娱乐圈里谁能红谁不能红，几乎都是运气使然。所有对成功人士看似头头是道的解读都是后来附加上去的。什么"我的成功可以复制"，十分牵强。在娱乐圈，长得美、演技好的人大把大把，为什么就红了那么几个人呢？什么努力啊，奋斗啊，是很无力的解释。只是运气。

人与人的关系也是。我身边那些在各自领域很厉害的朋友都是很早时就认识的，那时大家什么也不是，就是志趣相投。后来他们有幸取得了巨大的成就，而对我来说，幸运的是人家不嫌弃我这种普通人，缘分还在。

固然有些人善于钻研人脉，但总的来说这并不可取。或者从功利的角度讲，你要想和那些厉害的人谈笑风生，大概只有一个办法，就是努力让自己变得更好一些。可是成功也需要巨大的运气啊，努力不一定能实现。所以啊，最终看来，都是缘分。

如果不认清这一点，敏感的人很容易瞎否定自己。

说到底，认识谁，取得什么样的成就，偶尔会让人觉得自己好像有点东西，是个人物了。但这种幻觉在日复一日的平淡且漫长的生活里是不堪一击的。

"生活"这两个字太深邃了。人的身体在变化，环境在变化，宇宙万物，一切都在变化。不存在一劳永逸的解决办法，似乎取得了什么样的成就会永远幸福快乐。没有，只有死亡是确定的，剩下的都是临时站点，意味着新起点，意味着全新的一天。

每一个"管理"背后对应的就是一种全新的焦虑

昨晚参与叶三、胡缠等朋友组织的"无主题闲聊局",下面是其中讨论的一个问题。

工作中她让下面的人做个什么事,对方说不做。那是个公开的场合,大概还有其他同事在场。她的表情必定不好看,但是很快心平气和地跟对方沟通,最终说服对方把事情做了。但是后面有人跟她说虽然她沟通时语气控制得还算友好,但脸色依然出卖了她。

问:怎么做表情管理、情绪管理?

我忍不住率先回答,其实是想夸一下这位提问者。

因为换作我,我不仅脸色不会好看,后续的沟通也没把握能做到心平气和。所以我觉得她做得很好了,至少把事情解决了。我觉得她处理得比多数人都好,至少我肯定不行。但是她竟然还想(向我们几个)请教如何做情绪管理、表情管理。

这种行为在我眼里是对自己过于苛刻。毫无必要。

表情是一种本能反应。就算是被称为"石佛"的李昌镐和邓肯半夜出门遇到鬼也会陷入惊慌。生气了就是生气了，没什么好管理的。而且真实的情绪反馈是有价值的，否则别人可能还会以为你傻呢。

我一直觉得打工很纯粹。你是打工的，我也是打工的，大家都是打工的。打工有它固有的规则（至少正常的民营企业是这样），你不是在替我做事，你是在为自己赚钱。你不做，态度很刚烈，可以，但绩效考核的时候别哭。我的直属领导让我做什么，根本由不得我喜欢不喜欢，要么能做到，要么做不到。能做多好那是能力问题。如果要求太高达不到，说明目标定得可能有问题，实际上"任务很难实现"这件事本身是值得沟通的。

尽管我在职场中和别人发生过一些比较激烈的对话，但我一直觉得自己没有丝毫人际关系方面的困惑。听起来有些矛盾，是吧？

很简单，因为无所求，就不会被多余的破事束缚。有所求，你就得忍。

具体来说，如果你彻底做好了不干的准备，掀桌子就是心情问题。但是如果你还想领工资，就得老实点。所以，有些人眼里的"肆意妄为"其实是把最坏情况都想清楚的情况下的选择。我没有多细腻，但也绝不鲁莽。

去上班不是去交朋友。专注于分内的事，做事拿钱。能不能认识两三个好友那全靠缘分，也就是眼缘。聊得来就是朋友，聊不到一块说明缘分不够。多么简单。无欲则刚，无所求即自由。

还有人说，在职场上"不会来事"，上升空间必然受阻。

这种说法不能说没有道理，但不全面。职场毕竟不是奥运赛场，数据说话，谁也别耍赖。就我们做内容的（包括品牌、市场、策划等）来说，你说这个好，凭什么？你说这个定位更准确，又凭什么？光一句slogan（广告语）都得吵半天，因此很难清晰比出高下。有人的地方就有江湖。在无法量化付出的地方，最终服从领导意志，无论是方案还是升迁，实际上领导的心理感受权重最高。当然，正直的领导会将之解释为一种综合能力。你看，综合能力，其实又说不清了。

想清楚这些，放平心态，看清自己的能力，接受无法改变的环境，就不会有什么困惑。职场上不缺勇攀高峰的选手，特会来事，跳得欢快，最终也得到了他们想要的。不必眼红，不必不平衡。要全面考察，人家付出的那些比如"满地打滚""阿谀谄媚"，你是否愿意？你是否学得会？

反正我能力有限，学不来。

我不仅能力有限，也不愿意。如果几年前遇到，我还会当面挖苦。我指的是那种响彻云霄的拍马屁声音。真的很响，我就没忍住当面调侃了两句。是不是结下梁子了？那是一定的。前面说了，我虽不细腻，但也谈不上鲁莽。代价我懂，但我乐意。不过我不建议别人学习。另外，不要相信那些根本没打过工的自媒体聊职场。这就跟没下过水的人指导你游泳一样可笑。

> 每个人每时每刻都在对人进行快速判断。在这个时代最不缺的就是对某个人的评价。

虽然不一定形成文字，但心里都有数，也几乎是刻板的模糊印象，因为要深入了解一个人需要足够的时间交流。这种背景下，如果特别在意别人的评价，日子是没法过的。无所谓，误会误解确实也无从解释。就说职场上，你不背后给人穿小鞋，不使坏，不卑不亢，别人怎么看那是别人的事。同理，在网上发表观点，别人赞同或者辱骂那也是他们的事情。

这些是阿德勒所说的课题区分，也就是自己的课题和他人的课题之分，人只能完成自己的课题。

这时我才发现，原来这些阅读都内化为自己的思维了。阿德勒的这个说法我读过，但是给忘了，被我吸收了，只不过最终用自己的方式表达了出来而已。

无处不在的"管理"就是典型的例子。我第一次对"管理"这个词疑惑是几年前看到有人说自己近年来身材管理做得还不错。我心想："身材保持得还行"这组汉字已经失效了吗？

随后就出现了大量的"××管理"，什么表情管理、微表情管理、情绪管理、人际管理、饮食管理、身材管理、皮肤管理等等吧。反正任何事情加上"管理"两个字都显得深刻，好像一门颇有深度的学问。

每一个"管理"背后对应的就是一种全新的焦虑。

后来，提问者又说她跟一个心理咨询师聊过这个表情管理的问题，咨询师让她有空的时候可以对着镜子练一练。

我当时就笑喷了。

这是一道职场题

Q: 主任你好，这是一个职场题。

最近我陷入了一个困境。几个月前我算是得到了一次升职，但是这段时间是我工作以来最不开心的时间。部门内以前都是朋友的同事逐渐疏远我，甚至以前一些相互嫌弃的同事因为一起敌对我而变得团结了。和跨部门的同事因在职责划分上有分歧，现在关系也闹得很僵。

生活方面也变得很浮躁。以前到晚上或空闲的时候每天都会静下来学一些东西，但是现在完全没有心情也没有精力。每天因为一些跟人打交道的事情搞得气不顺，真的感觉到心累了。

我相信自己是一个还算善良开放的人。但是这段时间四面楚歌，让我甚至开始怀疑自己的人品了。也有前辈跟我说这个阶段会过去，或等团队有新的人招进来，但是我现在完全看不到改善的苗头，当然我也不甘心放弃，这个时候一旦退一步也就没有活路了。不知道主任在这方面有没有心得，我该用什么心态来度过这个阶段？

恭喜你啊。

不是恭喜你升职了，我是祝贺你遇到了职场上常见的但未必所有人都有机会面临的挑战。

既然你要听我的心得，那我就不得不事先声明一下，我在职场上并不算成功，至少在圆滑地处理这种职场人际关系的破事上，我就一招，爱谁谁。当然，这跟人的个性和预期有关，未必适合你。

首先明确一条铁律，大概会少很多烦恼。这个铁律就是，我们去工作并不是去交朋友。

能在工作中交到朋友是比较幸运的，相反，在工作中交不到朋友才是常态。所以那些觉得自己工作多年也未能从职场收获友谊的人不必过多地自我怀疑，这种事就是缘分，可遇不可求。

如果你认可这一点，事情就好办了。大家都是打工的，谁也不用为难谁，谁也别任性，按规矩办事。你需要对你的直属上级负责，对手头的工作负责。如果你的上级对你没有意见，其他人的看法有那么重要吗？如果全公司的人都喜欢你，老板不喜欢你，那其实你怎么努力意义也不大。

不过，也许还存在另一种情况，比如说你因为升职就突然变得敏感了。好比如果你怀疑一个人是小偷，那么对方的一举一动在你眼里都很可疑。是不是你自己的多疑以及因升职导致了行为上的变化呢？也不好说。毕竟这种现象过于常见了。你不如有空的时候也反省反省，有则改之，无则加勉。

第二条铁律，人群中必定有人不服你，正如同你也会打心里不服某些人一样。

人很复杂，再加上职场上的利益纠葛、身份认同，根本就理不清。这时有规矩、有流程恰恰能让事情变得简单，这也是大公司不得不在架构上调整以适应流程化管理的原因之一，否则闹哄哄的，说不清。

但其实职场也没那么复杂，看你想要什么。有些很恶心的事，比如阿谀奉承，急于邀功，包装各种辛酸不易，等等，大概率是有收益的，否则职场上不会有那么多"妖怪"。看你做不做了。这不仅仅是个人行走江湖的气质问题，也跟每个人的现实情况有关。有人有资本，有人没有。做不做呢？自己选。

公司由于业务属性和创始人的风格，会很自然地催生一种独有的文化氛围，看不见摸不着的企业文化潜移默化地影响着每个员工。但对打工人来说，所在业务部门的上级领导是什么样的人对个人影响是比较大的。很多小团队坏就坏在那些领导者身上，身在里面的痛苦无人知。

所以职场的第三条铁律就是，有时候并不是你的问题，只是运气不好踩到一些脏东西。

接受无法改变的。真不想干了就临走前性情一把，"让屎后悔"。若必须赚钱糊口，就认命埋头干活，屎也得吃。生活嘛，都不容易。向生活低头不丢人。这就当第四条铁律吧。

在对人才的筛选上，巴菲特和芒格反复强调过人品第一，能力第二。所以，目光放远一些，保持善意，远离"妖怪"。

职场小年轻需要心灵鸡汤

Q: 　　主任你好，我是一个毕业两年的"深漂"，在一家大型企业做研发工作，"996"。最近领导安排的任务比较多，并且我认为做的事情很枯燥，又没什么实际意义，所以做起来效率很低，人也很疲倦。

　　和一个早我一届进来的同事说起这事，他说要摆正心态，事情总是要做的，心态放正了，效率就高了，做的时候也不会痛苦。他本人也是这么做的，像个老黄牛任劳任怨，领导安排的事都会很快完成。

　　我认为他说得很对，也很佩服他。但是在做事的时候心里还是会发牢骚，效率还是提不上来，请问有什么办法能让我调整心态，积极完成要做的事情？

这位老弟给我发邮件的标题是"职场小年轻需要心灵鸡汤"。

很欣慰，本人的"鸡汤师"身份正在缓慢有序地得到年轻人的认可。

真心实意热爱正在从事的工作的人不多。有时工作内容本身有趣，但执行不能随心所欲，因为总有人要干预，而这最终必定让工作变得无趣。

人本身就是目的，这意味着有助于自己活下去以及活得更好的事情就充满了意义。单看任何事，哪儿来的意义？吃喝拉撒有什么意义？

人这一生就是从无到无。我们每个人出现在这个世界上都是一次意外，然后踏上一段充满未知的旅程，最后消失。

来都来了，不如珍惜这个过程。珍惜生命是不需要理由的。爱自己。

人进入社会后要自己赚钱谋生，于是开始有压力，不得不做点事，因为要活下去，要活得更好，满足这样那样的欲望，但只有少数幸运的人能自始至终都做着自己真正热爱的事。这种苦闷是很正常的，所以你并不孤独。

财务自由是绝大多数人渴望的，并不是人特别想买什么，而是不想做什么就可以不做。财务自由的关键词是自由，而不是财务。但这个目标对多数人而言都不太现实，很多人无法接受这个现实，会一意孤行，放手豪赌，最终失去所有。人性的贪婪造成的自我毁灭每天都在发生。

如果仔细去打量"意义"两个字，极大概率会陷入虚无，有啥意义啊。但我认为这种虚无感通常是懒惰的挡箭牌，过去和现在流行的"丧文化"，全是凹造型、摆姿态。真正感到虚无的人都死了。活着的人可以接受灵魂里的虚无乱窜，但实际上还是不舍得这人间。

我们总觉得别人的工作有趣得很，充满了意义，生活多姿多彩。不存在的，这个世界上多数人在漫长的一生里的多数时间都过着单调乏味的生活。无论他们是大明星还是亿万富翁。

要开心，每天快乐。怎么开心啊？谁能每天从起床哈哈哈到睡前？一天得笑几次，笑多久才表明这一天是开心快乐的一天呢？

快乐实际上没那么重要。

古人说："人能常清静，天地悉皆归。"一个人能够在日常生活的多数时候保持清静，天地间的力量将悉数回归。

听起来是不是充满了智慧？穿越了时间的智者箴言。不如先多读两句，背诵起来。每当心情烦躁的时候，反复默念。

但，怎么能保持清静啊?！

如果只会引用经典，跟其他假国学之名一杯茶一本书（背景最好是书架），智慧老人装扮谈人生的那种云里雾里高深莫测的破鸡汤有什么区别？

身为当代独树一帜的"鸡汤师"，我有责任且有必要兼顾可操作性。人每一天都有很多事，没事也想找事做，无论有事没事，喜欢不喜欢，把所有这些事都在大脑中排列开，分配时间，并且试着去挖掘、感受当下正在做的事可能的趣味。

举个例子，突然来了很多任务，预估一下时间，比如需要4个小时左右，那么其他的不要多想了，接下来的4个小时就是完成任务。然后可以再拆解，不停拆解任务和需要的时间。杂念是因为不专注，但专注的确很累，所以要接受专注不够持久的现象，分神了，停下来，然后继续。

何止是职场新人需要心灵鸡汤，全人类都需要心灵鸡汤，需要心灵大保健。而且是持续需要，即便是立地成佛也需要持续修行。

生活中的很多小事被拖延，比如去哪里办个什么事，去哪里拿个东西……很多时候都不想动，觉得麻烦。首先还是得说服自己，下面这件事是你不得不做的，必须做，没有为什么，更没有那么多意义，它只是一件事。

接受生活，接受现状，接受改变不了的事，这些都过于抽象了，其实应该回归具体的眼下的事，接受你得开会，接受你要加班，接受你得写邮件，接受你得去车站接一个人，接受你可能不愿意面对的应酬……悉数接受，接受了就好办。

调整心态，也是个常见的但粗糙的"鸡汤话"，实际上调整的是什么？就是接受此时此刻和下一刻你必须做的事。你在做事的那一刻也会变成此时此刻，然后还会有下一刻。时间就是这样不断被你的认知拆解成一个个瞬间。

朋友们，试着感受一下，每一天做事的时候训练一下，你会慢慢地变得更加专注。人一旦专注做事（脑袋放空，思考也是做事），杂念就会少很多。

最后，祝你有一颗平常之心。

梦想不是遮羞布

应该放弃中等偏上的生活，追求食不果腹的梦想，还是忍受身边的人、身边的事，安于平凡更好？

这个问题一点也不陌生，感觉比爱情是什么还要令人困惑。以前某网络综艺节目也有该问题的变种辩题：是选择大城市一张床还是小城市一套房？这个问题严格来说没有标准答案，尽管我一直以来都倾向于说没钱没背景的年轻人应该去大城市，但谁又能说这一定就是对的呢？

对很多人而言，生活没得选，不赚钱就食不果腹，所以也就老老实实干活去，自力更生，先活下来比较重要。但有那么一些认为自己不普通的人，在食不果腹的现实前却能十分合理地给它披上一件迷人的外衣。在内心得到安抚之后，他们称之为"梦想"。

紧接着，一切都变得可以原谅了。郁郁寡欢、志大才疏的文艺青年在穷困潦倒中坚持自己的艺术梦；养尊处优的年轻人听到工资比自己爸妈给的零花钱还少时，紧急挖掘出一些梦想来合理化自己的待业状态。

谁敢鄙视梦想，是不是？

李安在家待业六年带孩子写剧本的故事被广为传唱。历史无法重来，但以李安的才华和对电影的热爱，就算当年李安老婆把他踹了，李安今天依然会是一个很牛的导演。真正有才华并能熬住的勤奋的人在这个时代根本拦不住。换个无情的角度看，李安的老婆的确是做出了一次冒险行为，不过成了，众人皆知。那些借着梦想和才华的幌子颓废至死的人才是多数，不过没人在乎，也不会有人知道。

这不是在打击梦想。相反，人类要是没有冒险精神和梦想，走不到今天。但如果仔细去看，成功者的特质显然不是只有梦想又或者满腔热情那么简单。冒着巨大风险成就伟业的人物，有，但少，并且他们早就被戏剧化处理过了。多数实现非凡梦想的人反而都是负责任的、耐心的、保守的。

有人说，如果一个人的梦想需要他人买单，这个他人通常是亲近的人。我认为说这种话的人本身比较不负责任。

人很容易错以为买了一本书就等于学习了。想法天马行空，聊着聊着就爽起来了。这些情况就发生在我身边，我见过不少。

一个单身汉，自己要食不果腹地去实现伟大梦想，也没什么话好说。但更常见的是"创业"两个字成了中年男人最温暖的庇护所。

中年人，事业到了一个尴尬的地步，可选的匹配自身要求的岗位非常之稀缺。委屈，要么钱给少了，要么职位不高。也不知道怎么搞的，突然觉得有个叫"创业"的念头终于应该登场了，好像这是一条被这个世界规划好的道路。而且人的大脑是非常神奇的，马上就会有相应的梦想元素自动为自己的"创业"搽脂抹粉，将之打扮成一种梦想。

为什么这是个错误的问题。因为它设置了二选一，但并不是非得如此不可。多数人这辈子都没资格选，能有机会平凡就偷着乐吧。**不甘平凡的热血值得赞赏，但生活的真相是，很多人不具备安于平凡的能力，只是焦躁不安。**到了以为自己有点资本时（往往人到中年），丢掉中等偏上的生活，去追求食不果腹的梦想，此举是悲壮，但也可疑。用大白话说，各方面条件完全不具备，硬上。相反，多数创业成功的人反倒是稳的，代价和后路一清二楚，而且往往也的确是机会找上门来，而不是为了梦想而梦想。

3

都难，
就是一起挺住

在命运决定你之前

可以，随便喊

书本来就越来越难看进去。花时间读完一本书，如果足够精彩，收获的可能反倒是一种空虚。再过两天，就忘记得差不多了。即便确信看的时候很认真，但要跟他人复述一遍，脑子似乎总是一片空白。更别提花了那么多时间，也实在不知道对自己当下的生活有什么直接的帮助。

看书这件事就变得越来越不受欢迎，但同时我们又肯定阅读对人的积极作用。

这是正常的。这种花时间看完一本书也说不出什么来的感觉，一点也不特别。除非精读做笔记，反复斟酌思考，否则看完任何书，最多也就是一个大概的印象。但阅读过程的愉悦是无法替代的。不仅仅是沉浸其中的快乐，看视频也很沉浸，但不是对话式的，娱乐就是纯接收，不需要耗费脑力思考互动。

"屁股决定脑袋"这句话很多人都听说过吧。但我真正对这句话有更深刻的理解还是源于前阵子看书，知道了认知协调和失调的心理学概念。或者反过来说吧，看完一整本《错不在我》，包括各种逻辑分析、社会实验、活生生的案例等等，结论就是"屁股决定脑袋"是一个人类社会中客观存在的难以撼动的现象。

人不会任由自己陷入"认知失调"的状态，类似一种无意识的反应，人总会通过"自我辩护"快速调整。所以人们总是在有了"答案"之后再用理性解释将之合理化。因为反应是下意识的，速度快到自己都毫无知觉。

知道这些有用吗？有，很多事情可以得到更加合理的解释。最重要的还是跟自己有关，我们得承认，我们极其容易陷入"自我辩护"——错不在我，都是别人的错。因为更加深刻地明白了人性中的这种机制，若真希望自己能有所进步，变得更好，那么保持这种警觉就变得非常有必要了。

"认知失调"和"自我辩护"是从书中获得的极具解释力的认知世界和自己的工具。还有一句非常冷酷的话，十年前第一次接触经济学，之后，它就一直是我思维的一个重要工具。久经考验，解释力也很强。

"不要看一个人怎么说，要看他/她怎么做。"

啊啊啊，逃离北上广！啊啊啊啊，我不想工作了！啊啊啊啊，我要自由！！

可以，随便喊。看你走不走。

这里的"人"也可以换成公司之类的组织。比如很多公司都有自己的战略，漂亮得很，但问题是战略是否得到了执行呢？

这句话非常无情。比如不少成功人士都说自己创业是为了赚更多钱，然后给家人尤其是孩子更好的未来。这没错吧。出发点也足够朴实甚至有些伟大。结果呢？也许创业成功了，但日复一日花在家庭以及孩子身上的时间几乎没有。说得很好听，动机很感人，结果并不美好，因为逝去的就不会再回来了。该投入的时候不投入，错过了就没了。

很残酷，说什么不重要，怎么做才重要。所以这种人实际上更看重的依然是自己个人的成就感和某些野心吧。说为了将来给孩子更好的，其实也是一种"自我辩护"。

我们都不愿意相信有人故意要疏远自己的孩子，动机的美好毋庸置疑，就是为了孩子的未来。所以其中一定存在认知上的错误。

人很难为长远打算，其实短视是大部分人身上存在的弱点。少陪孩子一年，好像也没什么，看不出差别。所以就这样一年又一年，孩子悄悄地长大了，但一切都来不及了。

读书、学习、思考都是当下看不到任何回报的长期投资，所以通常就会被忽视掉。不认为这几天不看书生活就怎么受影响了。

一天就24小时，从一个人对时间的调配就可以看出他到底更在乎什么。至于嘴里怎么说，根本不重要。怎么过好这一生当然没有也不应该有答案。但每个人的时间都用在哪里了，未来都会给个毫不含糊的反馈。

都难，就是一起挺住

曾经有读者给我留言：吴主任你有过人生的低谷吗？大概是什么样？很好奇你是怎么走出来的。

让人痛苦的大事无非那些，大多跟失去有关。但当它们变成回忆时，多数就模糊不清了，而且当时的痛苦竟也无法被唤醒。如果自己回想起来都只是轻描淡写，无法还原当时整个人的精神状态，那就只是一个又一个你记得的发生在自己身上的故事而已。

一个人走出人生低谷的故事，听起来多么古怪。是奋斗的故事，还是励志的故事，又或者是治愈的故事？

每个成功人士都可以轻易地书写一个奋斗和励志的故事。过程必定跌宕起伏，越具备戏剧性越精彩。但通过这样的故事，人们能得到什么？感觉还不如两句歌词直击灵魂，"爱拼才会赢""不经历风雨，怎么见彩虹"。

但是，人们还是更爱听故事。这是最原始的沟通模式。观念和观点终归是抽象的，我们的祖先可能不知道什么叫"危险"，但是他们可以口口相传，比如他们会告诉大家有个人在河边被一条鳄鱼掳走了。

在围观他人的生活和故事后，我们才会有对巅峰和低谷的认知。其实人对自己生活的感知不只是当下和过去的对比，还有对未来的预估。痛苦和快乐如果可量化，失去的痛苦要比得到的快乐更强烈。相比往事在记忆里渐渐模糊，当下的感受要更强烈。古人云，由奢入俭难。人和人的实际情况不同，因此大家的痛苦无法在此时此刻进行对比，正如你不可能理解一个住着豪宅的富人到底在痛苦什么，毕竟他已经拥有了你不敢想象的财富。

为什么说是现在？

新冠疫情突发以来，并不只是我本人的低谷期，也是几乎所有人的低谷期，很多人生不如死。除了显而易见的经济上的影响，整个环境的阴郁气氛也让很多人对未来极度悲观。这疫情会持续到什么时候？什么时候会彻底结束？不仅没有人可以回答，甚至人们似乎已经不敢面对这个问题了。不抱希望，得过且过。

生活真的很难。由疫情和国际形势组成的外部环境，让很多人的日子雪上加霜。这是一次全球人民共同的低谷。但要怎么从这低谷中走出来呢？

老实说，我也不知道。谁能告诉我如何去安慰那些陷入痛苦的人。说"朋友，开心点"，没用的。而且无论有没有这突如其来的疫情，生活的各种令人难过的意外都不会停止。问题就是生活的一部分。

每天，这个星球上的每个人都要应对生活中的各种挑战。有的人下班后在大城市的出租屋孤独寂寞；有的人还没从失恋的痛苦中走出来；有的人不愿意回家面对紧张的家庭关系；有的人上有老下有小，每天的神经其实都紧绷着……但大家依然尽量在生活里礼貌友好地保持体面。因此柏拉图说，要心存善念，因为你所见到的每一个人都在打一场硬仗。

周末想到这些，我写了下面这段话：

> 个人生活是唯一真实的生活。日常的无聊和乏味是生活的本来面目，不必惊慌，你的孤独落寞一点也不特殊，只是还需要点意义。每个人这一生的唯一任务就是寻找和建立自身存在的意义。

这段话，大致可以说是卡尔·荣格、乔丹·彼得森、维克多·弗兰克尔三位思想家的观念集合。

荣格强调的是，个人终其一生的任务是在固有的完整人格之上最大限度地保持多样、连贯、和谐；乔丹·彼得森一直反对"追求快乐"这件事，认为快乐只是意义生活的副产物；维克多·弗兰克尔用亲身经历告诉我们，即使身处地狱一样的环境（纳粹集中营），人依然可以寻到意义活下去，否则一切苦难终将失去价值。

我们需要直面生活的真相，生活里的那些痛苦和无聊绝不单独针对你。只不过当人处于空虚、无聊和迷茫时，有备而来的针对性的信息精准地乘虚而入了。

随着人们微信好友关系的日趋稳定和对各种推送产生的疲惫感增加，在微信里，可以说几乎每个人都已经处于一个相对封闭的世界里了，各看各的。几亿人被分裂成无数个信息茧房，几乎不会有交集。

而整体上多数人渴望的是更刺激，今天再来一篇"致贱人"恐怕已经失去药效了，人们想要更多更强烈的"情绪对立"的观点，通过在文章的情绪里找到共鸣，来寻求内心一时的安宁。因为很多时候，指出环境和他人的问题实际上只是在逃避自己的问题，并且好像自己生活里的问题都有了模糊的答案，那些不幸有了真凶。至于短视频就更让人过瘾了，是移动互联网时代真正的精神瘾品。

适当地停下来吧，朋友们。

停下来想想，自己每天都在干什么，看什么，除了工作到底都把时间花在了什么地方，还有几年的时间可以潇洒地浪费。如果你也认同时间比金钱宝贵，却整天都在谈理财，那为什么不理一下自己的时间？

说到"意义"，它虽然是个大词，但所指的都是很具体的事情。比如说，做着你不喜欢的工作有意义吗？如果可以，多数人都不想工作，更不用说加班了。如果只是感叹自己好惨，结果就真的会很惨。但养活自己、养家糊口就是工作最大的意义啊。

寻找和建立意义，带来的是视角的转变，是生活态度的转变，是完全不一样的生活感受。意义也是内心深处最强有力的支撑。

我知道，我写的这些基本上解决不了你在生活中遇到的各种困难，它们是那么具体，有时候真是让人绝望。从这个层面看，说什么都毫无用处。当然，也取决于你怎么理解"有用"。

我只是希望，在遭遇人生低谷的时候，不要彻底沦陷乃至自暴自弃，要在熬住挺住的过程中一点点地寻找和建立意义，找到内心深处的那个支撑，这是一切苦难都无法剥夺的属于人类的最后的自由。

这才是真正的热爱生活

都说要热爱生活。看到"热爱生活"这四个字，你脑子里的画面是什么呢？大概会是那些激情时刻或感人瞬间，有的是自己的经历，有的是体育赛事和影视剧带来的记忆，以及挥之不去的口号"永远年轻，永远热泪盈眶"。

这些当然都是生活的一部分，是重要部分，但也确实只是点缀的部分。

因为生活就是日常，日常就是平淡无奇。生活就是每天都要做的事。几乎没有谁可以过一天一变的生活。至于那些文艺作品，是高度浓缩的戏剧化的生活，用来满足人们精神上的需要。

一个人若经历过人生的巨大变动，都会怀念曾经的平淡。轰轰烈烈的人生太过刺激，作为观众看看很享受，甚至有些羡慕，但真落到自己身上，想必就是另一番感受。

能平安顺利过完一生大概是一个人能拥有的最大幸运了。

相对不成熟的文艺青年有一个比较严重的毛病是看着看着就真

的文艺附体，刻意把自己的生活过成一种他们想象中的诗意、别人眼里的文艺以及朋友圈里的存在感。殊不知，真正有才华的创作者的生活往往都单调得让一般人难以忍受。以我有限的认知，无论外界如何形容某些人的潇洒肆意，无论本人性格如何，勤奋是所有天才获得成功的必要条件。

朝九晚五的上班族经常抱怨每天工作太无趣，毫无挑战。这其实是一个认知错误。不是毫无挑战，是太有挑战了。

有些人玩游戏会玩到废寝忘食。游戏是洞察人性的，其背后是专业人士通过他们大量的经验积累针对性地设计，从而使人们上瘾。如果有一天人可以脱离现实生活，活在游戏世界里，那挺好，也令人向往。

只是很遗憾，生活无处可逃。只要还活着，人就在生活。

抱怨日常的枯燥乏味是容易的。无论是借助游戏还是文艺，逃避也是容易的。所以，从来不是缺乏挑战，恰恰相反，人这一生恐怕没有比在日复一日的平淡日常里发现乐趣更有挑战的了。

年轻的时候都喜欢装，尤其是装出一副颓废和丧气的样子，好像气质独特，与众不同，很跩，很酷。夜深人静的时候不妨摘掉这"塑料酷"，诚实拷问内心，摆这些姿态有多么容易。不就是啥事也不想干吗？这何止是不酷，简直蠢得可悲。

平静地接受生活琐碎乏味的真相，一样接一样地做好每一件事，日复一日地重复，这是真正的热爱生活。这是真正的酷。

假如遇到傻同事

Q： 主任，生活和工作中我愿意相信人都是善良的，但最近总被啪啪打脸。比如同事会挑拣对他有利的话告诉我，让我跟领导汇报时，输出不全面的信息。这样的事情发生过几次，让我质疑自己太单纯，太容易相信人。我又不喜欢撒谎，也很担心自己没有自我保护能力。我在工作中要接触的人并不多，从毕业至今没有换过工作。我希望自己是知世故而不世故，但要学习识人辨人的能力，怎样开始呢？

也许因为某本书、某部电视剧或者某一首流行音乐的歌词，人们开始意识到，哦，原来大家都在戴着面具生活。言下之意，人群中的每个人都在演戏。人们纷纷开始思索更大的命题，即人与人之间的真诚与虚伪。

这种说法很难说是对还是错，但它将人性切分得过于粗暴。因为每个人身上的气质、形象或者状态要丰富得多。工作时是一种，陌生环境下是一种，饭局上是一种，家里是一种，夜深人静时是一种……都以为只有独处时才是真正的自己，但其实还真不好说。

一个人连自己都很难看清，却要判断同事是什么样的人，结论也就比较粗糙随意。不过这没办法，总得有个判断。每个人都会被身边的人误解，就如同你也会误解身边的很多人。都是很表面的印象。

不过好消息是，这不重要。在职场上尤其不重要，大家是去做事情的，不是去交朋友的。

除开一些个别情况和特殊岗位，与人建立关系是我们回避不了的。但也没那么难，因为任何职场都有它的基础规则，不管环境友好还是恶劣，俗称"做好本职工作，对上有交代"。如果自己无法适应，也就两条路，要么学会适应规则，要么离开。

识人辨人的能力，说起来有些含糊。是辨别对方是不是傻，还是性格古怪，又或者业务能力不足，又或者工作态度欠缺，还是说人品糟糕？很多方面我们都认不清，而且很可能会在主观上产生偏见。因此，如果是具体业务上可能涉及合作，需要关心的就仅仅是做事本身是否受到影响。

至于他人的一些为人相关的，如果你是个正直的人，你有什么可担心的？除非你的领导就是傻，又或者整个环境都乌烟瘴气。那没辙，综合考量自身经济现状还有外部就业情况，在合适的时机撤。

但有个有趣的现象是，在工作上呢，每个人都觉得自己才是比较正常的，自己才是对的，自己的决策比较合理，一切问题都是别人的。人很少能非常冷静客观地评价自己，不会轻易否定自己，更难设身处地换位思考。判断容易，做出正确的判断非常难。

在职场上做事不可能随心随性，因为有各种限制。上面有上面的考虑，站在对方的立场想象一下可能也能理解。你关心的很多事在上层看来都是鸡毛蒜皮。当然，你也可以反驳说，魔鬼在细节里，不可掉以轻心。但总的来说，规则就是规则，除非你有能力改变（通常没有）。那么，如果你还想待着，就要服从规则。其他人是什么鬼，不必关心。

就这么静静地看着那些"野兽"

我想起小时候早早盼望着暑假来临，畅想如何度过美妙的暑假生活。然而，暑期未过半却又开始想念学校的同学了。从小我们就习惯于活在期盼之下，等到年纪大了，经历了各种事，又时不时地沉溺于回忆之中。

忧虑或者说焦虑带来的效益是什么？是一种"我似乎也在努力寻找出路"的错觉。很难承认自己在逃避什么，然而生活有那么多问题，想想就很累，逃避实在是很自然的行为。因此焦虑自然而然就涌出来占据话语权，欺骗大脑：关于未来，我在乎，这不正在焦虑着吗？

活在未来，活在过去，唯独没有人教我们如何活在当下。

这个当然很难。像铃木俊隆这样的禅师，终其一生也就是在磨炼自己能更好地活在此时此刻。

关于心态的调整，日常情绪的自我管理，人们读了一些书，懂得了不少道理，但变化不大。没有人会荒谬到觉得自己读一本跑步指南就可以燃烧卡路里，但太多的人好像以为只要多看点相关的书籍和文章，就可以有个健康的心态了。

我们得接受一个事实：所谓内心强大或心态稳健是需要训练的，且一定是可以慢慢通过训练而精进的。

利用生活中无处不在的无聊、苦闷和心神不宁，将这些令人不快的存在转化成自己锻炼心性的机会。并且不要期待一劳永逸，这是无休止的战斗。遇到同样的事情，人心态的差别好比开车，老司机的一系列操作都是无意识的自动化，但刚学车那会儿每一个动作都很别扭。

第一，要时刻观察自己，当自己陷入莫名焦虑和苦闷时，追问自己：我在忧虑什么呢？必须让具体的事情出现。

担心工作不保？担心恋人跑了？担心孩子的学习？担心父母的健康？担心股市暴跌？担心被人瞧不起？就他人对自己的负面评价一直耿耿于怀？……好，那么再问，做什么能解决这些问题？是坐在这里焦虑吗？

啊，我就是忍不住焦虑，寝食难安，什么都干不下去！那就退而求其次，每天给自己十分钟，慷慨一点，给半个小时吧。在集中放肆的焦虑的半小时中，把所有的担忧都集中梳理一下。写下来，害怕什么就写下来。

第二，比较重要的是学习观察自己的焦虑。

不用去压抑这些恐惧和忧虑，焦虑和欲望有时就像一头野兽，越压制它们反抗得越厉害，过程令人心力交瘁，十分痛苦。应该让自己安静下来，调整呼吸，多呼吸几次，静静地"观察"这些焦虑和欲望。静静地看着它们，就很容易跟这些焦虑产生距离。让这些东西看起来跟你无关，是"外在"的东西，它们也就自然不能再控制你了。

这听起来有点佛学里冥想的意思，不仅如此，较真儿的学者罗伯特·赖特还真的就用现代科学（进化心理学）对此进行求证。比如说佛说"无相"，说的就是包括感觉在内的万事万物不过是大脑里构建的，我们赋予了其"本质"或者说"本性"，我们会给所有的东西和感觉都打上好、不好、喜欢、厌恶的标签，这种下意识的反应有利于自己生存，拥抱好的，远离坏的。

乔丹穿过的鞋子可以卖到56万美元，收藏者美滋滋。但这双鞋跟其他鞋有什么本质的差别吗？都是耐克工厂流水线里出来的。它之所以变得不一样，是因为"乔丹穿过"这一事实为其注入了内涵，也就是佛说的"相"。所以，我们的多数快感都是由此而来，需要故事和内涵。商业世界的品牌故事作用也就在于此。

人的焦虑多半也是由于我们将太多的商品和成就注入了内涵，使其"着相"。如果不能取得什么样的成就，就是失败，这种失败只不过是"未达成预期"。但人会自动给失败附加巨大的令人寝食难安的"内涵"，从而郁郁寡欢，一蹶不振。

按佛的意思，不给事物和各种行为附加这些评价性的情感内涵，其实反而会带来更纯粹的体验，譬如从粗茶淡饭中亦能品出丰富的滋味。不去归因，剥掉内涵，正是自由（个人主观上的自由感受）的源头。

我也不是要装得好像自己大彻大悟了。差远了，暗中观察，虚心练习，我还有很漫长的路要走。这些思想对人的幸福感有很实在的价值，值得尝试学习。

太在意别人的眼光会累死

有个话题是：太在意别人的眼光会累死。

可见有不少人过于在意他人的眼光。

围绕这个话题，过去几年我似乎也写过不少文章。看似很基础的常识，反复刺激人。这个话题长盛不衰，说明这件事很难。那些声称自己不在意的，多半也是打嘴炮的假潇洒。

当然没必要太在意。瞧，道理简单清晰，说服力十足。谁在成长的路上没有听人说过"不要太在意别人的眼光"这种话呢？但真正洒脱的不多。

国人会更在意一些。你若在农村长大，那就是个熟人社会，是群体意识最浓郁的地方。你若在城里长大，父母大概率有单位，那也是要讲究将集体利益放心中的。

群体意识是我们传统文化最强悍的部分。

这种文化之下的个人会在生活的方方面面受制于他人的目光。如果你跟我一样是从农村长大的，就会特别容易理解这一点。比如有人在该结婚的年龄未婚，针对当事人的闲言碎语不间断，而这种无形的压力又会从当事人的父母传导到当事人身上。人又特别喜欢就现象分析原因，觉得当事人一定是有什么毛病才导致不婚。因此在小地方，你跟一个人说，不要在意这些闲言碎语，实际上是没用的。真受不了，离开是上策。

大城市就好多了。没人敬烟，没人劝酒，就算跟一头驴同居，也只需要跟物业交涉。这也是我初到北京对"生活上的自由氛围"最强烈且直观的感受。也难免北京会被老一辈人认为"没人情味"。怎么选？就看一个人是要小地方的那种"人情味"，还是要生活得更自在一些。

但只要人还在这个社会生活，就一定会面临来自他人的眼光。有人的地方就有来自外界的看法。互联网又增加了这种联系，闲言碎语理论上可以得到无限传播。

可是谁还记得半年前的一些丑闻八卦吗？上个月你在某个微信群里看到的某些奇葩事件，还记得是什么，当事人叫啥名字？不会的。没有人在乎。来得快去得快。人们早就被海量的信息刺激得麻木了，只是忘我地沉浸在短视频里，两个小时过去毫无知觉。

不要太在意别人的看法！开心点吧，朋友们！想太多就是折磨！这些话有个共同点，即毫无意义。许多公众号经常会在深夜发这一类文章。通常来说，这些鸡汤文必须有小故事。从两三个小故事里得出以上那些道理。哇，想不到老王听说人如果想太多就会备受折磨这个道理之后，他果然就再也不失眠了，一觉睡到天亮。

作为"鸡汤界"新人，我凭借勤奋也写过不少能按摩心灵的好文章。我越写越觉得，道理只对极少数人有用，多数人根本无感。全天下爱美的女人都知道想要好身材，就要健康饮食，少吃多运动。但真正实践的有几个呢？同样地，所有人都知道太在意他人的眼光会活得很累，不还是照样很在意。

道理是这样的：没有人真的在意你。现代人越来越没耐心了，任何一个普通人的死活在他人眼里比热点还容易过去。再说在意也没用，别人怎么想，你无能为力。

多么简单的道理，但那些非常在意他人看法的人就会因此不在意了吗？

没用。有用的不是道理，也不是情感小故事，是实操。

首先是思维方式转变的训练。你要学会把自己抽离，你有两个"我"，一个是生活中的"我"，一个是跳出来看这个世界的"我"。你是你暗中观察的世界的一个角色而已。你还可以试着跳出来评价你，这样可能会产生跟之前不一样的看法。这样的角度之下，别人的评价，尤其是那些可能让你不高兴的评价，也就没那么有杀伤力了。

其次，人一闲就容易胡思乱想，所以要让自己忙碌起来。工作之余，把时间花在自己身上，花在亲朋好友身上。无论你的身份高低和收入几何，越年轻的时候培养"自己的时间很贵"这样的意识就越好。

虽然一些收入低的人从金钱的角度衡量时间并不值钱，但这时就应该这么想，时间是你的成本投入，时间不值钱的时候应该把更多的时间花在那些需要长期投资的事情上，比如学习，因为这时候你的投入成本是很低的。

不过现实的情况恰恰相反，短视频的重度用户中有年轻人，有低收入人群，他们往往有大把的时间。结果是恶性循环。也就不要抱怨什么阶层固化了，这个世界有很多不足之处，但并不是没有给一个人进步的机会。正面的例子比比皆是。

最后，你是个好人，不偷不抢，一身正气，你确信这一点，你有信心保持下去，那你在他人的眼里也会是这样。如果不是，那是他们的问题。

基本款内心强大

一个人习惯性地不信任，以及不尊重自己感受的日常行为有哪些?

试着举两个我观察到的例子:

1. 通过看手机实时天气来决定自己该不该开空调（窗户）。

2. 通过看表显示的时间来判断自己是不是饿了，困了，累了。

想知道你观察到的自己或别人的类似的行为是什么吗?

上面这是朋友胡缠发的内容。胡缠老师近年来深耕心理学，颇有建树。比如他将这种常见的行为总结为一种对自己真实感受的不信任，很有意思。

然后有网友互动回复了两个典型的例子:

"我还会先看评论然后再决定是否要分享某条微博或者某首歌。"

"先看看别人的影评再决定自己打多少分。"

是不是很熟悉？我感觉人人都有过这样的阶段。这或许是人认识环境、熟悉世界的必经之路。但如果常年如此，总是不能尊重自己的真实感受，总是活在自我怀疑之中，恐怕就有问题了。

为什么会"不信任""不尊重"自己的真实感受？确实是安全感问题。如果大家都说好，你却品不出来，你不敢说不好；如果大家都在伤心，你不知道应该如何悲伤，你会怀疑自己有心理疾病。

进化心理学很简单地解释过从众心理。想象一下野兽出没的荒郊野外，跟着大部队走活下来的概率肯定更高。而那些对野兽行踪的判断深信不疑的聪明祖先，也可能因为独自行动而失去生命。

土豪们要如何判断一幅画是否值得挂客厅？是依靠真实感受，还是依靠审美倾向，抑或是文化品位？如果真是这样，今天的多数"暴发户"足够诚实的话应该挂20世纪80年代的风景或比基尼挂历。最终的决定因素只不过是价格和"圈内鉴赏师的评价"。

所以，很多时候就连"真实感受"的"真实"都变得可疑了。

社会心理学研究做过大量实验，比如盲测葡萄酒。几杯完全一样的葡萄酒，只不过事先设置了不同的价格和获奖情况等信息。那些圈内知名品酒师喝到"名贵"的那一杯时，奇迹发生了，完美地咂摸出更有层次的口感，毫不吝啬地给出赞美。

人很容易被大环境影响，无论是观念还是审美，就是下意识地大脑丧失了判断。不仅如此，人的大脑还会拼命地为这种"先入为主的判断"做解释，从而达到认知协调。

你购买一件商品买之前可能还会犹豫，还会正常地和朋友讨论优缺点，但一旦入手，对你来说它就是完美的。

如果有一部电影你事先得知评分高达9分，获奖无数，那么从影片的第一个画面开始你就已经在寻找它的独特之处。等于是先有了结论再寻找证据。哪怕是往常你难以忍受的画面和情节都会被你的大脑解释为"虽不明白对方在说什么，但其好像很厉害"。最后，虽然头昏脑涨，但在疲惫之余依然不忘果断地打上9分。

试着回忆一下自己是不是有过类似的行为。

点赞数十万多的文章你会更加重视。视频背景的那些"罐头笑声"也一定会"帮你觉得"好笑。标题有性和暴力的暗示打开率遥遥领先，哪怕你已有所怀疑它们只是标题党，甚至电商网页色彩的变动都足以决定你是否下单购买。

所有这些现象，就算你知道了，依然会被影响。更何况有那么多人根本不知道自己早就被这个商业世界的各种奇技淫巧所影响。

尽可能做到不受外界干扰，尊重和信任自己的真实感受，需要漫长的训练。但这是有必要的。

人们整天说"内心强大"，多数是指心理承受能力强，有点泛泛而谈。不如从小事做起，就日常的阅读和影视剧赏析，试着完全无视外界评价，勇敢地接受并信任自己的真实感受，喜欢就是喜欢，不喜欢就是不喜欢。看不下去就不看，别人交口称赞经典，你觉得垃圾那就是垃圾。这是内心强大的基本款。

她洗澡的时候号啕大哭

她不想花钱锻炼，但她上班久坐，不锻炼不行。她想玩游戏，她想看电视，但每天为避开高峰期，早上6点就起床，下班到家已是晚上9点。这时她还得洗澡。她很痛苦，这是什么日子？洗澡时她号啕大哭。

她想去旅游，她想买东西，想买更多的东西。她想要一个无忧无虑的生活，躺着啥也不干最好。但她一放松就会觉得愧疚。她觉得自己配不上快乐，她没有资格快乐。

她从小就知道家里穷，她懂事早，她不攀比，她因为出身贫寒而自卑。

她大学毕业两年了。普通大学，普通工作，日子过得拮据。但她也感觉到在父母或者以前的同学眼里，她应该过得不错。毕竟她在大城市里，可以买到不贵的衣服，吃到诸多美食，还养了一只猫。

但是，她无法假装看不见周围那些手头明显比较宽裕的人，他们的生活光鲜亮丽。她因此丧失了一个最重要的东西——底气。

因为毫无底气，她不敢买超过200元的衣服，不敢下人均消费超过100元的馆子，更不敢去旅行。有时冲动买了平时不舍得花钱的东西，愧疚感会瞬间压过刚涌出的快乐。她觉得自己没有资格这么花钱。

今天是她的生日，她给自己买了免配送费的蛋糕，祝福自己未来可以由内而外地感受快乐。

她是谁？我不知道。这是她在某网络平台上分享的一种伤心。当期话题是"这一代年轻人的压力真的更小吗"。

是不是编的？我也不知道。但我愿意相信是真的。

因为我经历过比她更绝望的绝望。普通大学毕业，毕业就失业，断断续续四年，没正经上过班。她至少还有工作。

当事人发泄发泄是可以理解的。我相信写完这些，她会轻松一些。表达历来都有疗愈心灵的功能。只是如此渲染大可不必，因为这只是刚毕业的职场新人的正常状态。刚开始工作收入低，一点也不奇怪。

不谈论个别行业的个别情况。毕业两年凭什么可以拥有"超过200元钱的衣服闭着眼睛随便买"的收入呢？我想起自己毕业整整四年，终于有了第一份看起来还不错的工作时的情景。当时是2010年，我每月到手4000多元，但很知足。记得一次聚餐人均70元左右，别提我多心痛了。心说，这太奢侈了吧。就是觉得贵，但不觉得自己不配，更不会感到内疚，有罪恶感。反正钱都花了，后面继续挣就是。

后面果然也继续攒钱。第一年春节回家，小几万元就觉得自己特有钱，一个春节假期几乎花光所有，只留下几百元回北京继续上班。

那时没钱，但很开心。

我想大概有两个原因。第一，很幸运，终于碰到我自己喜欢的工作，加班也是自愿的。第二，有一些常聚的朋友。第三，我没什么特别想要的。盯着明明买不起的东西抱怨自己过得苦，这不健康。当时北京房价均价一平方米4万元左右。想都不敢想。

人的欲望是无底洞。等舍得花200元买一件衣服时，又会可怜自己从不敢买2000元一件的衣服。等家里的衣柜塞满了上千元的衣服时，依然会心酸，想到自己都毕业二十年了，为什么20000元一件的衣服还是舍不得买呢？

没完没了，没完没了。

所以不仅是收入低，主要是心态也不健康。不接纳现实，委屈一上来，从小的穷困记忆总是蹦出来加戏。有多少人家里富裕？大部分是普通偏穷家庭出身。

即便是今天，全国居民人均可支配收入不到4万元，更何况十几年前。

如果仅仅是发泄一下心里的委屈，没什么，一次释放，该哭就哭，哭完就舒服了。不过如果不是因为有太多共鸣，它也不至于变成一个热门话题。

煽情就容易有共鸣，而自我怜悯则威力更大，属于高段位煽情。你甚至分不清这到底是叫发泄痛苦还是卖惨。而这画面并不美，很低级。

习惯性地陷入自我怜悯，对人的心灵是一种极大的腐蚀，会让人的审美落入平庸。这种人脑子里的某些角落永远藏着过去因为贫穷留下的自卑记忆。它就像一道永远无法愈合的伤口，本来是结痂了，但会时不时被自我怜悯再次撕裂。这屡次被撕裂的血淋淋的伤口是对命运不公的控诉。

有一个群体叫"高薪贫困人口"，上百万的年薪，但毫无积蓄，资金流水紧绷得很。因为那种阶层的生活方式支出也无比巨大。比如孩子上个顶级国际学校，学费就花掉三分之一。房贷再花掉四分之一。剩下的也就够日常开支了。

这种生活压力不大吗？巨大。高薪人群的工作压力通常要比小员工大很多。虽然他们可以随手买一件2000元的衣服，但这根本不是生活的重点。

生活的重点就是，生活没有"容易"二字。

表达的渠道越来越丰富，泥沙俱下，卖惨的内容也就多了起来，并迅速吸引了一批"惨友"。自我怜悯源自一种受害者心态。受害者需要更多的关注，这是他们仅有的存在感了，因为这能滋生出一些意义来。所以越是热衷于自我怜悯的人，越会把意义建立在受害者心态上。最终"自我实现预言"，结局也就毫不意外，只会非常惨。也不知道能不能称之为"求仁得仁"。

自我怜悯和嫉妒是腐蚀心灵的两大毒药。

过去的一切不如意，梳理一遍，反复梳理几次，直到事件清楚为止。事情确实发生过，但已经结束，彻彻底底过去了，变成了未必可靠的记忆而已。

正视它们。

当然这需要反复的自我训练。出现不甘和委屈的情绪非常正常，就是命运不公啊，为什么好运总是故意错过我啊……所以需要不断训练。心态健康的人谈起过去的苦难，云淡风轻。而且你可能也发现了，一个人越成功就越喜欢谈自己以前有多艰难、多不容易，这时那些过去的苦难已变成一枚枚的勋章，谈论苦难也自然变成了炫耀。

日子还得过，那么就得应付当下的任务，工作赚钱养活自己。有更大的野心当然很好，但失去耐心的野心有没有都一个样，只是一种"想得美"的欲望而已。

有一种说法是，穷人就得赌，穷人翻身靠搏命。很多穷人都在赌，不奇怪，他们觉得一无所有就不必怕什么。更不用说还有一些只不过是幸存者偏差的成功案例。我对此不做评价，可能只是个人性格问题，偏保守，我就算在一无所有的情况下也不敢过于冒险，因为比一无所有更糟糕的是负债累累，以至于这辈子再也不可能翻身了。不是谁都有快速还上6亿元债务的实力。

所以纯个人意见，现状越不如意的人越需要冷静和耐心，否则一冲动，都不知道会做出什么让自己处境更加悲惨的决定。

现状越惨的人越没有资本。而耐心就是在攒资本。

中年压力和辛苦的另一面

经济环境不好，焦虑就会蔓延。有两个话题总会被反复提及。一个是刚开始工作，尤其是在大城市奋斗的年轻人的迷茫，另一个就是中年人的生活压力。

中年人上有老下有小，生活的弦绷得很紧，过日子如履薄冰。相比已退休的老人和刚出校园的年轻人，中年人确实更艰难。

不存在毫无来由的压力，今天任何一个人只求不饿死一点不难。但压力和辛苦的另一面，中年也许是人生最幸福的一个阶段。这种夹杂着辛苦的幸福很大一部分来自"有了孩子你就知道"。

世界上大多数东西可以靠想象体验。比如没去过某个地方旅游，如今通过无数的图片和视频，大致可以想象，就那样。又比如没吃过某样东西，大致想想也就那样，吃了以后发现，真就那么回事。但是有孩子没孩子这件事的感受，完全无法靠想象。孩子还小，每一天都能在他们身上看到惊喜。我相信任何有孩子的人都能明白这种感觉，再苦再累一天下来看到自己的孩子，白天的那些烦心事就根本不值一提了。这种动力也许是刻在人类基因里的。而且人不仅能从孩子身上看到自己的影子，也能对人类的诸多行为理解得更加深入。

另一方面，有了孩子之后才能真正体会到父母当年的不容易。而且过去的条件普遍糟糕，父母把你养大只会更难。此时父母还算比较健康，而刚好你也有一点经济实力，能让他们在还比较清醒的时候有机会感受你的孝心。

这样的幸福其实转瞬即逝。每一次当你翻开手机相册时，都会感慨孩子长得太快了，还会十分伤感地意识到在不久的将来他们就会长大独立，离开自己，去追求自己的生活。父母与孩子就是一次渐行渐远的缘分。同时，我们的父母也终将老去……

如果一个中年人眼里只有压力，从每一天起床开始就不会开心，也就很难意识到这些压力的另一面——日常稍纵即逝的幸福时刻。

压力太大确实有时会把人压垮，但如果一个人没有压力也很难获得成长。因为生活的压力不仅会规范你的行为，还会在无意中让一个人变得更有责任感。因为了有责任感，在做重大决定的时候自然也会更慎重，考虑周全，而不是只图自己爽。这一点尤为重要，人有很多无法挽回的失败只是源于一时冲动做出的错误决定。

中年也是开始思考真正的人生价值和意义的阶段。现在的人都很孤独，越来越孤独，以前大家没事都得想办法聚在一起面对面交流，哪怕是打牌这种休闲娱乐。现在是能省则省，手机可以打发掉所有时间，但放开手机的那一刻，会更加空虚无助，意义感全部丧失。

关于人类幸福的相关研究和实验，无一例外都会提到生活中与他人的亲密关系的重要性，它几乎是幸福的必要因素。

所以当你放开手机时，看到客厅里嬉戏的孩子和电视机前的父母，一切虚无和胡思乱想都会烟消云散。哪怕你为了家庭一个人在外打工，想到他们和这些画面也会让自己拥有更加坚定的人生意义。

被动的生活经不起变化

有一则新闻报道：女子连续加班一个月崩溃大哭，突然不知道自己该做什么。武汉一名女子在地铁站里啜泣，工作人员发现后上前询问，女子突然抱着她崩溃大哭。女子称其因为连续加班一个月，现在工作突然做完不知道该做什么，也不知道去哪里。同时，女子表示自己不敢回家哭，怕吓到女儿。

人在生活中的某些时刻彻底迷失方向，并不是真的没事做。我想起自己的高中时期，看着高考倒计时过日子，每天都期盼高考结束。高考终于结束了，我那天从下午到晚上不知所措，干什么都提不起兴趣。之前去网吧通宵会很放松，虽然第二天上课会极其痛苦，但高考结束后在网吧只是失魂落魄，跟想象中的酣畅淋漓完全不一样。

当然了，这种状态很快就会恢复。毕竟还要再过四年才正式进入社会，不存在任何身份焦虑，始终还是个学生，且好奇心旺盛，没体验过的事情一大堆，也不存在谋生养家糊口的压力。

跟高中毕业不一样的是，随着进入社会开始工作，年纪越大，经历的事情越多，对世界越没有好奇心，观念和思想都趋于稳定，日复一日年复一年，世界观基本定型，生活和个人身份都紧密依附于工作。

定型的观念让自己有安全感，稳定的工作生活看起来也就那么回事，却是脆弱的。就算是在百年老店的大企业上班，公司还在，但不意味着那个岗位就一定属于你。更何况绝大多数公司都在不长的生命周期里会发生剧烈变动。对一些选择结婚生子的女性而言，有了孩子之后又是全新的人生阶段，面临的困难不仅仅是身份的重新定位，还有在工作和家庭之间的平衡。无论表面如何平衡，内心的倾斜是骗不了人的——当然是孩子更重要。

人要有危机感，但和焦虑不是一回事。很多知名的企业整天大喇叭对内对外宣传，说自己的生死存亡就在未来几个月。说凝聚士气未尝不可，但身处无法预测的市场环境这种危机感是必要的。

危机感就是时刻警惕并为可能到来的危机做尽可能充分的准备。具体到个人，要意识到，工作没了才是正常，但工作又永远有。这话是什么意思？理论上对任何一个有劳动能力的人而言，是不存在失业的。这个很好理解，找不到工作其实是找不到自己满意的工作。正如周星驰电影里说的，就算是一张卫生纸，一条内裤都有它本身的用处，更何况一个大活人。很多人到中年失业时情绪崩溃，是因为接受不了去干那些收入更低的工作。这种心理建设得有。

更长远的危机感一般人当然也意识不到，就是养老问题。说危机有点弱了，是必须应对的未来。

被动的生活态度经不起变化。但这个世界的残酷真相是，唯一不变的就是变化本身。

所以即便理论上不存在失业这回事，我们也应该尽可能掌握主动权。工作是工作，但工作不是一切，人活着也不是为了不工作。

有一句流行的话：人讨厌的不是工作，只是厌恶上班。那种没怎么上过班的人是理解不了的。一方面，当然要学会在工作中找到乐趣；另一方面，到了一定的年纪，正常人都会意识到打工跟忙活自己的事完全是两码事。人迟早得找到自己愿意投入到死的事情，只有在这种没有尽头的事情中，人才不会迷失方向。到了一定的年纪有了积蓄，具体的事情也就不一定非跟钱有关，但必定是能从中得到乐趣，只是需要比较漫长的时间摸索。

而所有这一切都应该在打工的时候就开始一点点准备。如果把日复一日的打工生活比喻成坐牢，第一步当然是调整心态，努力让自己在监狱里的每一天都过得有意思。

在北上广奋斗的目标应该是什么？

通常这么大的问题很难回答，因为太过空泛，有点像在问：人这一生的奋斗目标是什么？但，加上"北上广"三个字，就能感觉到年轻人在大城市奋斗时的迷茫。

在连电话都没有的年代，几乎所有人的生活都被限定在一个固定区域内。全球的乡村生活差不多，熟人社会，没有更多的可能性，按部就班。相对不迷茫。年轻人这辈子的成长不会偏离祖辈们的轨迹太多，也不会有任何不切实际的幻觉。若有幸生活在和平年代，日常生活没有过多的信息噪声，远方的故事都是传说，人生每个阶段的目标都像四季那样分明，整体上人也更本分一些。若是再加上区域的宗教生活，基本上就类似埃德蒙·伯克盛赞的保守主义生活方式了。

工业革命和随后的一系列科学技术革命像巨轮一样碾压过来。今天信息的畅通撕碎了这种平静，彻底改变了人对这个世界的认识。人们通过手机看到了整个世界，每天都会从网上接触无数的资讯，大脑无法清晰而坚定地将大部分信息归类为跟自己无关的噪声。把自己的生活放到全世界去比，不焦虑很难。且不仅仅是信息的刺激，货币的持续贬值也像一条鞭子抽打在每个人身上，让人不停追赶，喘不过气来。

大规模的高效生产方式，人口大量聚集在城市，信息的畅通，都是人类发展的必然结果。人为的和自然发展的，这些趋势都挡不住。但不管是从前还是未来，人们对更好生活的追求是不会变的，有适当的焦虑和压力也属正常。只是相比过去今天所谓的人心浮躁只是多数人对外界信息的处理能力的不同。

人性不会变，迅速致富的故事任何时候都很刺激人。互联网这些年让太多人陷入了幻觉，以为自己是有机会的。当然，理论上人人都有机会暴富。看看彩票的销售情况更明了。网上每天都有各种热点，自己的情绪随之波动，稀缺的注意力完全被剥夺。实际上回头看，过去几年有印象的新闻有几个，其中又有几个跟自己的生活有关系？

从小在农村长大，然后从镇上到城市，最后在大城市工作生活，这条生活轨迹相信与大多数在大城市奋斗的外地人相吻合。因此，谈到大城市这种陌生人社会的孤独寂寞、快节奏和压力，身在其中的人都会有些感触。这些年来，从"逃离北上广"到"为北京哭泣"之类的恶劣煽情屡次击中大城市漂泊者的灵魂。

与这些只顾煽情的自媒体完全不一样的地方是，承认熟人社会的温暖和大城市生活诸多缺点的同时，我希望每个人都应该尽可能冷静地想想，不少人今天就可以辞职回老家，过上相对衣食无忧的日子，但那种生活又有多诱人呢？19世纪西方保守主义者眼里的乡村美好生活，经过这么些年的发展早就面目全非了。

家乡是回不去了，人也不能假装看不见更好生活的存在。

我的表姐曾打电话问我她儿子高考志愿怎么选。我说，大学不重要，首选大城市，有希望的城市。如果我表姐说她想来大城市试试，我也许就不会这么建议了。人生的每个阶段以及每个人的生活状况不能一概而论，除非由于一些特殊原因不得不离开。

时代发展过程中的弊端和一些令人不快的现象，若大而化之可以永久批判下去。只是就个人生活而言，也不过是另一种噪声。时代那么大，我们普通人哪里说得上话？大城市当然不轻松，这一点放在哪个国家都是如此，但是没有任何背景的年轻人也只能在这里才有更大机会让自己变得更好，显然这不仅仅是金钱上的积累。

也许不少人对在"北上广"奋斗的目标给了清晰的毫无想象力的答案：有房有车，安家乐业。有个目标，这固然好。但现实点看，肯定不是所有年轻人奋斗十年都有机会在大城市买房扎根。而且这也是人生到了某个阶段要再一次全方位考虑的问题。但一个在"北上广"奋斗的年轻人暂时不需要考虑那么远，就目前大部分年轻人的收入而言，在大城市购房是遥不可及的。不如将其暂时放一边，思考如何让自己变得更有价值，能在就业市场上更有竞争力。

我不知道这样讲对不对，如果一个人能在大城市磨炼十几年，去稍微小一点的城市找个不错的工作应该不难。

当然了，我这种保守的建议会被那种认为打工是没出息的创业狂魔耻笑。创业也不是什么了不起的事，形势好的时候，全北京的年轻人都在咖啡馆里畅想好的创业项目，规划发财路线图，投资者也是闭着眼睛撒钱。除非真能赶上创业的好机会，就当练手了，否则多数年轻人确实没有资本创业。这里的资本完全跟钱无关，而是各方面的综合能力。

虽然本来就跟自己没有任何关系，但人总是会忍不住去拿自己和外界的其他人对比，尤其是与同龄人对比。所以，有一点需要知道，我们评价人的能力不应该光看某些人创业成功这一面。在正确的时间跟对了人参与创业，猪头也能沾点财富汤汁。想清楚这一点，自己该干吗干吗。

大环境变幻莫测，有赌赢的人，但这跟你可能真的毫无关系。谁都可以投机走捷径，就像大量的公众号都在套路化输出内容，套路化运营，刷数据，其中也有一些暂时名利双收，刺激了不少人在模仿的道路上狂打鸡血。但是从长远看，能持久的罕见。这实际上又回到了自己的策略问题，要问我，我只是个普通人，这辈子从未领略过什么神奇招数，只有普通的策略，踏踏实实地积累，这是最实在的路线。而且我也相信，时间也大概率会奖赏这种策略。

你不可能比他更惨

我忍不住就会想起《肖申克的救赎》。我想，假设肖申克监狱里安迪向我提问的话，也许会是这样：

安迪：你好，我叫安迪，今年30多岁，本是个金融界人士，但因涉嫌杀害我的妻子及她的情人而被判无期徒刑。我是无辜的。我知道这么说你一定觉得可笑，毕竟这所监狱里的所有人都说自己是无辜的。监狱生活每日超负荷的劳动并不是最苦的，噩梦来自鸡奸狂"三姐妹"不间断的骚扰。我拼死抵抗却屡遭毒手。最令人绝望的当然是这监狱生活本身，我不知道这样失去了希望和自由的生活我还能坚持多久。能不能告诉我如何才能活下去？

若有一天，你真遇到这样的倾诉，怎么回复都很难给人活下去的信心。在监狱里的安迪有过这样的沮丧时刻，难免想倾诉一番。这是很正常的。数十年时间，苦闷怕是频繁到自己都麻木了。当然，安迪最终成功越狱的故事激励着无数人，虽然那只是一部虚构作品。

对我而言，这部电影是不是影史第一，不重要。这个故事早已超越了电影艺术之争。电影我重温过多次，看了斯蒂芬·金的原著小说，前段时间又读了一遍电影剧本。实在是一个伟大的故事。

许多人的生活都存在这样或那样的困难，但恐怕没有人敢说自己比监狱里的安迪处境更糟。不过，这样的对比，确实并不会让生活在煎熬中的人一下子得到安慰，不仅是因为这是虚构的与希望有关的故事，也是因为人们很难从处境更糟的陌生人（这还是个虚构的人物）那里比出幸福感。

至于"要么忙着活要么忙着死"这句经典台词，最多也就拿来装点一下自己的微信签名。作为这部电影的超级粉丝，我对这句话成为电影的经典台词感到困惑。但不算意外，人类痴迷金句。

这部电影最根本的力量，不是源于哪句台词，也不是源于哪个瞬间，而是源于二十年时间，安迪在监狱里每一天的生活状态。就算换个结局，比如安迪最终老死在监狱，也无损它带来的重要启示：

> 人活着要保持希望，要保持对自由的向往，更要在任何时候都拥有无法摧毁的坚韧和耐心。

安迪知道自己是被冤枉的，就这一项命运的不公平，便足以让多数人在进监狱的那一刻彻底颓废。但安迪接受了这样的生活，为了打发时间，他想搞点手工活，雕刻石子。一开始安迪对未来有什么打算吗？不太可能有，越狱就是一句玩笑话，他更不可能知道未来还有机会洗脱罪名。只是在墙上刻字的时候，他意外发现了牢房墙体的质地腐烂，于是开始了漫长的挖墙计划。工具是一把小锤子，正如瑞德所说，得挖上百年。而挖掘也只能在夜里的休息时间进行，还得时刻提防查房的情况。

在安迪用那把小锤子挖墙的每一个夜里，他恐怕也未必有把握一定能通到外界。不仅仅是条件受限，无法预测的意外也更多。但他坚持挖了近二十年，夜里干活，白天放风时闲庭信步，小心翼翼清理挖出来的沙土。

漫长的监狱生活，安迪除了挖墙，给狱警们洗钱避税，还干了一件不可思议的事，那就是坚持不懈地要求重建图书馆，一封信一封信地要求政府拨款，最终达成了目的。

一群囚犯，看书干吗，有什么用呢？是没用，实际上对监狱里的多数人来说饱读再多诗书也是一辈子的廉价劳役，最终不过老死在监狱。但不管身处何处，所有人都会死。若按这种思路指导生活，干什么都没意义了。显然安迪不这么想，就算肉身一辈子逃不出那高墙，书籍也能给予灵魂更开阔的天地，给予心灵的自由。于是后面更进一步，为了让监狱上空响起古典乐，哪怕就一次，被关禁闭他也在所不惜。

那不仅仅是一曲古典乐，那是黑暗里的一束希望之光，久违的自由的味道，稍纵即逝，却是肖申克监狱历史上最美妙的几分钟。

整个牢狱生活，安迪仅有一次显得慌乱失常，就是多年后一个年轻小伙带来了与真凶有关的回忆。那是安迪离自己的罪名被洗脱最近的一次，他激动得有点歇斯底里。只可惜突然冒出的希望小火苗最终也被典狱长踩灭。安迪崩溃了，但很快调整过来。在计划好的某个雨夜，电闪雷鸣，他从容完成奔向自由前的最后一击，为近二十年的努力画上完美句号。

现在我们回到现实，包括你我在内的每个人都有各种烦恼，今天没有，明天也会有，有些是小小的焦虑，有些则是巨大的困难，但不管怎么说都比安迪的处境好一万倍。你也许是个没有好文凭的年轻人，也许正在某个工厂的流水线上挥洒汗水，也许失业在家，也许身在小地方郁郁寡欢，也许到了中年想要一些改变，等等。因此你也许觉得自己这辈子只能干不需要文凭的工作，只能当个流水线工人，一辈子就啃老等死，一眼看到人生尽头。你感到万分沮丧，你的时间确实不值钱，所以你每天要么刷短视频，要么在游戏里刷存在感，沉迷，逃避，迷茫。没问题，饿是饿不死，当下不至于，但人生很快也就过去了。

并不是说要实现什么样的人生目标才是一种成功。这从来都没有标准。《肖申克的救赎》不是成功学，也不是励志鸡汤，它展示的是一种人类在困境中应该学习的从容而坚韧的心态。

人的内心需要一种秩序，而且无法一劳永逸，与内心混乱的对抗是持续一生的任务。这种混乱包含了枯燥、乏味、煎熬、绝望、虚无等情绪，因此光有强悍的理性思维是不够的，心灵需要更柔软一些的养分。人在日常生活中不仅需要爱，也需要给心灵注入一些诗意，就是那些被我们称为文艺的东西。

重复一遍这个伟大故事带来的启示，自由很美妙，希望很美妙，但着急不来，需要你有足够大的耐心才可以。而且在这个过程中，你还得学会苦中作乐，保持不崩溃。人一旦拥有了如此坚韧的力量，基本天下无敌。至于结果是不是一定能完成自己的梦想，倒真不是最重要的。是这个过程，赋予了生命最了不起的意义。

聪明人虽然你学不会

"希望大家以后抬头看星星的时候，会想起有一个曾为你带来小小欢乐的朋友。"

这是电影《梅艳芳》预告片里的一句话。我的思绪闪现无数过世的名人。他们带来的不仅仅是小小的欢乐，有时还是观念层面的颠覆，尽管多数时候实际上是无意识的改变，润物细无声。

也不知道为什么，我还想起已经去世的赵英俊，想起他在去世前拍摄了一个告别视频。没有丝毫情感的印记，我当时看到的只是一个陌生人的遗言。

他说了很多实在的话，比如《海贼王》的结局已经等不到了。多么具体的不舍，真实得让你一瞬间竟然也没那么伤感了。自然也会觉得可惜，不针对他，而是任何一个人在年纪轻轻壮志未酬时的死去，都会让人觉得遗憾。

这种时候"意义"又紧急填满了大脑。是否存在一种时刻，一个人在临死之前对这一生十分知足？在自身领域取得辉煌成就的人在死亡来临之际，大脑里闪现的会是什么？是不是多数功成名就者临死前的真心话都是，我真的还想再活500年？

单论成就，华人里能高过梅艳芳的女艺人不多。虽然无从得知，但我会好奇：梅艳芳在得知自己时日不多的那段时间里，她在想什么？

不知道。我们只知道她忍着病痛出现在舞台上，并不那么完美地完成了一场场完美的演出。台下的观众一无所知，但那些瞬间的欢乐是真实的。病魔在梅艳芳坚持表演的时间里也无可奈何。

大概也有几个当年沸腾在梅艳芳演出现场的观众已经不在人世了。还活着的人，过着庸常的生活，偶尔回忆过往，好像只是担心记忆进一步模糊。

但当时的开心是真的。

小时候我经常听到村里的长辈讲八卦，谁谁谁每年在鬼节给去世的亲人摆满了丰盛的祭祀食品，但也没见逝者活着的时候被伺候好了。

抬头已经看不见星星了，看见了，也未必能联想到哪个逝去的名人。最近看见星星的时候，有几个中年人想起了科比？但中年人会一遍又一遍地欣赏关于科比的精彩视频，欣赏载入史册的进球和比赛。视频文件让科比成为永恒，让梅艳芳成为永恒，让无数曾经带来欢乐和力量的人成为永恒。

伟大而纯粹的理想主义。只是也让人忍不住问，这一切跟作者本人又有什么关系呢？人们热烈地谈论凡·高的作品，感叹天才悲惨的一生，但这些与凡·高有关的所有信息，已经和凡·高无关了。

可怕的虚无，诱人堕落的力量。也难怪有一种说法，无神论者最没底线。

想到这些，想到那些毫不犹豫出卖灵魂的人也会想到这些，一切变化也就不奇怪了。

哪怕是希特勒也绝不会觉得自己是坏人。聪明人的一闪念，是视角的转变，是喝完茅台之后的微醺满足，是对失去的恐惧，是熟练的算计。

这时总会冒出问题：聪明人说的话变来变去是真诚的吗？我认为没有答案。"真诚"两个字极为含糊，不存在两个人有完全一致的感受。反正也不重要了。任何一个人，只要采用"大棋观"视角看问题，大概是真诚的。真诚的"大棋观"。

聪明人，就是这样，紧跟时代的脚步。这种转变是一次三丰收，收获了俯瞰全局的思想高度，收获了流量，收获了财富。尤其牛的是，聪明人会觉得自己的理念已经进化到一种平常知识分子无法理解的高度。

我境界不够，十几年来不间断地读书和思考，也没摸到"大棋观"的门。

既然都会老去死去，终究灰飞烟灭，那区分生活中真正重要的人和事，以及更加好好珍惜活着的每一天就是值得的。

毕竟这夜空早就挤满了历史明星。谁会想起谁？

女人爱自己，从直面真实的自己开始

　　我们用尽可能客观和冷静的眼光看待过去几十年来女性地位的变化，发现的确是得到了很大的提升。原因有很多，教育的普及、观念的更新、城市化……但今天依然有一些问题，相比个人收入和地位的提升，它们甚至看起来更耀眼，但是否真的有助于女性的幸福就不好说了。

　　如今的妇女节，所有商家的宣传中已经不说妇女节，而是说女神节或者女王节了。女性作为购物主力军，商家借此机会讨好女性无可厚非。但另一方面，真实的情况，女性是否真的在地位上已经是"女神"和"女王"了呢？

　　不仅仅是商家，一直以来很多以女性读者群为主的情感号、生活号也在毫无底线地讨好女性，给女性的脑子注入很多有毒的观念。对于娱乐圈的任何感情事件，比如离婚，它们的套路差不多是一致的：女性一定要独立自主，一定不能依附男人，一定要争气。

　　作为男性我去评价这些事不合适，但我总是在想，人家的感情到底是什么样的，两个人之间的感情出问题应该如何处理是否真的存在标准答案？再回到每个女人自己身上，无论出身、收入、身份，是否可以有一种统一的情感价值观作为指导？这些做法于自身的幸福是否有益？

为了讨好女性，很多为女性说话甚至代言的作者都在无原则、无底线地混淆概念，尤其是"权利"的概念被糟蹋得面目全非。在很多存在女性受害者的事件里，这些人将"因为她的女性身份"作为剖析问题的起点。女性变成一个不可触碰的对象。

你提出期许，这是塑造；你提出要求，这是规范；你谈论实实在在的价值，这是物化；你赞美，这是神化；你批评，这是污名化……总而言之，这里是一个观念和定义含混不清，全是情绪和文字游戏的世界。

所有这些信息都会给女性带来幻觉，而如今幻觉也是全方位的。

不少朋友问过类似的问题：现在网上还能看到一张真实的女性照片吗？今天中国那些自拍软件傻瓜式美化图片的技术可能是领先世界的，我自己测试过，你本来长什么样完全不重要了。我这种浓眉大眼都可以变成小家碧玉。而且随着技术的提升，痕迹越来越少，越来越自然。久而久之，有些女性必然会厌恶真实的自己。

拒绝真实，逃避真实，这是最要命的。

我以前说，中国女人如果真的按照多数女性情感作者的价值观过日子，大多数人的生活必定惨兮兮。生活是真实而具体的，并不是飘在天上。女性和男性天生的差异不应该因刻意追求平等而抹平。人与人不分男女老少，在权利上对等这就足够了。

迁徙自由，让女性可以从农村走出来，自杀率骤降。市场经济让女性可以自己养活自己，对自己的命运有了更多的选择。

解决了物质上的匮乏，精神和情感均得到满足，今天的女性是否真的比过去的女性更加幸福？我不知道。或者换个问题，一个女人在有了一定的经济收入之后是否就大概率会过上幸福生活呢？恐怕不是。

> 说到支持我的女儿，我会鼓励她大胆尝试任何她感兴趣的事情，但与此同时，我也会真诚地认同她的女性身份，不会去批判她因为家庭而对事业做出妥协的选择。

上面这段话是乔·丹·彼得森说的，看似平淡无奇，但我觉得在今天这个时代受某种观念的驱使，往后这话会越来越珍贵。希望每个人都能真的读懂"真诚地认同她的女性身份"。

现在有个十分可怕的倾向，如果一个女人放弃了事业，而选择当个家庭主妇可能要顶住一些压力。而如果她竟然愿意多生几个孩子，极有可能一头撞上来自其他女性的批判——为什么她甘当一个生殖机器？这种畸形的价值观已经展露出很明显的苗头。

无论如何，一个文明的社会应该给予女人更多的关爱。而女性自身也应该认同自己女性的身份，不要沉溺于幻觉，而要直面真实的自己，接纳自己。

她好我就很生气

Q: 主任，您好，关注您的时间其实也不长，但每次看您的文章，不知道为什么，内心总会觉得有种安心的感觉。一直想给您留言，但我知道每天给您发私信的人肯定特多，您不一定看到，也不一定有时间都回复。但内心感到困惑的时候，我总想有个人能指点一下，让我能找到出口。

我和现在很多年轻人一样，对未来很迷茫。我甚至不知道自己想要什么。现在天天加班，我感觉我的思想已经被禁锢了，每天只是机械般地重复工作。我的同事，同时也是相处七年的好朋友。有时候老板更器重她，总之我看到她比我优秀，我会感到内心不平衡。我不希望她有任何一方面比我好，我希望大家的目光都放在我这里。我知道这是不对的，但我找不到人去倾诉这种情感。

我一度怀疑我自己有什么心理疾病。我自己是很自卑的一个人，还是讨好型人格，总怕做错什么惹别人不开心。内心的迷茫，加上各种情感，我真的感觉太压抑了，明明知道这是不对的，但就是控制不住自己乱想。如果这条留言有幸能被您看到，请您给我一些建议，我该怎么去调整心态？

也许你自己都想不到，就因为你写下这五百字不到的倾诉，将会对你有多大的帮助。并不是我的回复会给你带来什么，而是你亲手写下这件事本身。

无论多么浩瀚的工程，比如那些宏伟的建筑，第一步都是平淡无奇——打地基。如果总是停留在想法上，再美妙也无济于事。很多人完全不重视文字书写的重要性。不仅仅是内心焦虑的倾诉，所有了不起的想法都得先写出来。无论草稿多么粗糙，都好过只是停留在脑子里。

就像你今天这样，说出来或者写出来，就算我不回复，对你也是有帮助的。你通过文字具体地剖析了自己，相信这个想法不是一天两天了。但这次你不会像过去那样自欺欺人，而是正视了自己内心的阴暗面。

嫉妒是人性中最糟糕的部分，不仅无法让自己进步，还会让自己的喜怒哀乐完全被牵着走，生活的自主权被剥夺。另外，毫无疑问你的好朋友放在人群中也就是个普通人，但在你眼里她简直发光发亮，很刺眼，一叶障目，完全遮蔽了你人生的视野。

我跟你说嫉妒没用，你肯定知道，但就是忍不住。所以心态调整，可以尝试从改变认知开始。剖析自己也是对自我的一次重新认知。其实你把你的朋友当成了你死我活的竞争对手，这不对，你们本来就是朋友，应该是利益共同体才对。

人无法脱离环境独活，除非独居山林与世隔绝。无论如何，我们都无法回避社会关系网的力量，而且它甚至比你自身的能力更重要。这样的情况很常见，实力相当的人或作品，得到的关注和取得的成功有天壤之别。整个西方美术史实力相当（如何评价自然有艺术层面的标准）的画作实在太多了，但多数都默默无闻。

这个社会布满关系网络，从线上虚拟世界到现实生活皆是如此。用更难听的话叫"裙带关系"，当然不仅是难听，也过于贬义和狭隘。但我们无法回避人脉对自己潜在的帮助。比如"拼爹"是什么意思？你以为只是拼钱，但钱太小意思了，关系才是钱买不到的。

如果有一天你有困难需要帮助，是你的好朋友可能伸出援手，还是外界的陌生人？不说绝对，就说概率。所以即便从纯功利的角度看，打心里希望身边的朋友优秀都是一种更加理性和聪明的心态。最重要的是，这样的心态的的确确也是坦荡和真诚的，并且朋友们是能感知到的。于是，你的坦荡为人又可以进一步让朋友们信任。

所以，善良、真诚、坦荡等优秀的品质其实从长远看，只是聪明的选择而已。

其实这个理念从朋友圈再往外扩一样成立。你是希望住在贫民窟还是希望住在干净文明的小区，哪怕你是整个小区里最穷的？答案不言而喻。

你自卑，你压抑，你迷茫，你属于讨好型人格，你嫉妒朋友……所有东西加一起，在我看来大概就是你确实能力很差，没有任何亮点，即便给你一个天赐的机会扶你上马你也把握不住。所以除了在认知上转变，最重要的依然是无论如何先在工作上或者别的某个领域扎扎实实一点点提升自身的能力。专注于做自己的事会让人没时间胡思乱想，正如你专注于朋友的成绩让你的内心完全失控。

幸福婚姻的秘密

詹姆斯·蒙蒂埃在一份研究报告里说，超过95%的人认为自己比一般人更具幽默感。

彼得斯和沃特曼在他们的著作《追求卓越》中说，100%的男性认为自己的个人交际能力高于平均水平，而94%的男性觉得自己的运动能力高于平均水平。

社会心理学的类似调查还有很多。比如，70%的人认为自己的领导能力高于平均水平；60%的人认为自己的运动能力高于平均水平；85%的人认为自己与他人相处的能力高于平均水平……

具体的数字其实没那么重要，重要的是结论。在方方面面，多数人尤其是男性觉得自己的能力高于平均水平。

因此，曾引起几波莫名争吵的"有些男人明明很普通却那么自信"实际上是有社会学调查作为基础数据的。"普信男"都风靡成一个专有名词了，也算是犀利的洞察。

在有限的视野里，人比较容易看到他人的不足，这就形成了一种"自信"。也可以说是一种"确认偏差",就是更容易看到那些印证自信的信息。当然,从积极的一面看,这种并不真实的"自信"也是一种心理能量,能让人有信心做好手头上的事。

过于自信的结果就是容易低估难度和风险,并且对各种事情的结果有不切实际的预期。

与此同时,部分人却因为被打击从而彻底否定自己,觉得自己就是个废物。这其实也差不多是视野导致的相反情况。

在富裕地区,人人有豪车,难免让月入上万的人产生错觉,以为自己是社会底层,而实际上我国居民人均可支配收入不到4万元。

在狂妄自大和妄自菲薄之间保持平衡并不容易。

再说关于"普信男"的吐槽吧。如果你是个普通却自信的男生,说明它是在吐槽你;如果你是个普通但自卑的男生,说明它并不是在吐槽你。所以看到各种热议,你可能会感慨,怎么会有那么多人对号入座呢?

我猜多数男性并不介意这种吐槽,脱口秀内容本身并不会引起如此大的争议,只不过一些靠"男女对立话题"博流量的自媒体煽风点火。我至今都觉得这件事看似是吐槽"普信男"引起了"全网的男女对立",其实是整个互联网铺垫已久的一次爆发,是不经世事的网友长期以来受各种"吃男女对立饭"的自媒体蛊惑,是舆论上"没有成本赶时髦"的结果。

网上骂一骂不仅刷了存在感,得到了发泄,还没有成本。我以前一直这么认为，但现在看法不太一样，成本可能巨大。人的观念塑造行为，人的行为也会在潜移默化中改变观念。一个人如果每天都在网上跟一群人起哄发泄，他的观念也会随之变化，最终沉溺于抱怨，自然也就会影响到自己在现实生活中的行为方式。这就很可怕了。

避免陷入各方面过于自信的实用办法，就是反复提醒自己只是个普通人。这大概也不能算谦虚，因为你我的的确确都是普通人。不普通的人都在漫威里。

普通人不必过于自信地高估自己，这倒不是姿态问题，只是过于自信很容易掉坑里去。但培养做事的信心无可厚非，要想到多数人也就那么回事，不必盲目自卑。日复一日，做事，耐心等待收获。

普通人更需要适当地在各方面都降低预期。这又是一项实用的生活技能。比如，若是抱着非常高的期待进影院基本上都会失望而归。相反，随便瞧瞧却很可能有惊喜。说到预期，很难不联想到当下很多父母对孩子的超高预期，总觉得自己的孩子有无限可能。理论上，这当然是可能的。但实际上，建议自己照照镜子。

查理·芒格曾经分享过幸福婚姻的秘密，说要特别感谢妻子的前夫让他妻子对婚姻没有了不切实际的期待。

向谁低头你得知道

这些年去过日本的人太多了，路线都差不多，有关日本的印象也差不多，非常干净，非常有序。便利店多，自动贩卖机多，中国人多。

日本的另一个关键词是老龄化。老龄化社会的主要特点并非满大街都是老年人，而是年纪很大了还得赚钱。对我们这种游客来说，很容易就发现日本开出租车的都是老头。老头打扮得都特精神，京都街头的那些出租车一尘不染。

某天夜里，我在街头散步，看到前方一辆出租车突然一个刹车，车内冒出一个老头。老头快速掉头，鞠躬敬礼的同时打开另一侧车门，迎接路边的某个乘客。一气呵成的动作把我看呆了。

我心里叹了好几口气，突然想到因老龄化，今天中国的年轻人未来要工作到很老，这已经是可能确定的未来。于是冒出了一个很严肃的问题：如果等我老了，迫于生计也得开出租车，我能做到这老头的十分之一不？

某些行业需要在工作中向人鞠躬敬礼，看起来有种比较明显的低人一等，因此自尊心强大而敏感的人可能很难接受，我们甚至会认为年纪越大越难"低头"。又比如有些正能量人士瞧不起直播，尤其是听说一些主播搔首弄姿就赚得盆满钵满时会更加生气。内心有些羡慕的女性可能也拉不下脸去做主播。

除了某些每天只跟机器打交道的工作，多数工作都要跟人打交道。只要跟人打交道，无论同事，无论上下级，无论甲方乙方，总会产生各种摩擦和矛盾。人在工作上被否定时，就好像个人能力被否定，情绪一上来代入感更强烈，整个人的精神状态完全被工作、被他人的评价牵着走，极其容易陷入自我怀疑。人取得一点点成就不会想到是平台的功劳，反而只顾沾沾自喜。

所有这些内心的纠结暴露的是一种不职业的态度。根本原因就是在工作中投入太多原本属于人际交往的那种情感。当然，道理听着并不难理解，但这很难避免，也比较难克服。的确，问题可以随着认知的强化而有所改善，让自己更加清晰地意识到，工作就是工作。

职业就是不带感情。工作中加入太多私人情感不仅会影响工作本身，也会不可避免地影响自己的精神状态。对大量的打工者而言，正因为态度上的不职业，在观念上也容易出现错误的认知，觉得自己是处于被剥削的状态。这个社会怎么了？我为什么要被这么多人呼来唤去？

所以个人做事的态度更职业一点，至少让自己不会因为工作而伤神。但无论是对内的业务协作还是对外的商务合作，都免不了互动。如果其他人，比如我们的同事或者其他潜在的客户也能更职业一点，能明白有时候看起来意见相左，但说到底都是为了工作而不是针对谁，才会有更开放的不同意见被提出。这对做事情是有好处的。这一点似乎对管理者更重要。

想起某个节目的一段采访。导演问一个60多岁的老头："为什么都是年龄大的当司机呢？"老头说："年轻人不愿意做向客人敬礼的工作。"导演又问："您60多岁还做向客人敬礼的工作，不会有抵触心理吗？""没有，我年纪大了，"老头笑眯眯地说，"而且我们都知道是向钱低头，而不是向人低头。"

老头确实厉害，看得明白。若是大家都知道彼此都不过是为钱低头，就不用说那些有的没的，都是工作而已。职业细化，工作效率提升，商业文明自然更进一步，社会必然更加和谐友好。

说说 "躺平"

不知道聊这个话题是不是显得我有些迟钝了，毕竟可能很多声称要"躺平"的人早就坐起来埋头"搬砖"了。

为了避免无聊的复读机式的"抬杠"，我有必要声明一下，选择"躺平"是每个人的权利，爱"躺"不"躺"，"躺"的话，任何姿势都行。并且除非有人强行把"躺平"的人提起来干活，否则不能说谁妨碍了谁"躺平"。讲道理，既然有人为"躺平"主义呐喊，那出现反对"躺平"的生活态度的声音便也是正常的。人生各自欢喜。

所以，接下来绝非关于意愿的探讨，谁"躺"不"躺"没人在乎。只是随便聊聊。

先从"不能忽略的背景板"聊。

几年前在"今日头条"这个产品把传统新闻门户统统打趴下的时候，我确实琢磨了许久："今日头条"上有那么多垃圾资讯，令人作呕，哪怕仅仅是新闻的标题水准也远不如过去的门户网站，更不用提曾经门户编辑精心制作的专题，这究竟是怎么回事？在某段时间里，我甚至做了一个极小范围的调研，逢人就问，你平时用"今日头条"吗？没人用啊。

哈哈，多天真，多自以为是。假设当年喜欢网易新闻专题和跟帖的铁杆粉丝全都拒绝使用"今日头条"，他们有多少人呢？撑死了1亿人吧。就算加上更加顽固的纸媒爱好者以及全部本科以上学历人群，也算1亿人好了，这2亿人拒绝"今日头条"，从不用。那又怎么样呢？截至2018年，中国就已经有8亿网民了，人家"今日头条"差这2亿人吗？

智能手机的极速普及，真的，彻彻底底地改变了一切。全民上网导致不同知识结构、收入、年龄的网民占比大幅变动。这样一个事实是解释过去绝大多数事件不可忽略的背景板，尤其是舆论。

从"佛系"到"内卷"再到"躺平"，这些流行词的爆发背后并没有与之对应的事实支撑，只是有大量的气氛组在催化。

不用往回拨太远，我们试着一起想象一下如果20世纪90年代有好几亿网民——严谨地说，这在理论上都不可能成立。因为信息的互联互通会非常自然地带来电商和自媒体的发展，以及导致一切移动互联网下的生活方式颠覆。那么，情况就会不可阻挡地变成今天这副模样。我们不妨假设一下。

大批务农的人在忙碌之余刷刷手机，羡慕流水线工人的朝气蓬勃；工人们则在去厕所的间隙才有时间，羡慕极少数有单位的人的周末精彩生活和令人垂涎的单位福利——几双皮鞋，几瓶洗发水，几卷卫生纸；罕见的桑塔纳如同今天的法拉利，农村人想都不敢想有生之年可以去豪车里坐一坐；任何一个有机会在欧美国家街头散步的视频博主都可以成为顶流，谁见过这个啊……

社会新闻方面，数不清的灾难，光矿难都不知道有多少起。很多人可能不知道，农村妇女的自杀率是从可以出去打工开始骤降的。就算是在农村里长大的人也未必能对那种绝望感同身受。那样一个环境之下，人们直面信息的冲击，会酝酿出怎样的热点话题？可以自行想象一下。"躺平"大概都能算是一种积极的精神运动了。

在朋友圈出现之前，谁能拥有超越生活的朋友圈？人没有机会轻而易举地展现自己的生活以及某些含糊的世界观，更不要说能收到即时反馈。除了一些不得不发的机械式卖货广告或者公司软性义务分享，所有人的朋友圈无一例外都是一次次或有意或无意的不同程度的自我表达，虚荣心兑现，存在感确认。

其中包括但不限于"佛系""内卷""躺平"等精神方面的廉价参与感。当然，这些人的内心也渴望这么一哭一闹能改变什么。反正不用成本。

至于那些更加善于创作的内容源头，只不过是故作深沉的反思，迎合受众的煽情。

生活不容易，这事实际上不用强调，却好像值得以不同的角度和方式反复强调。如开头所述，"躺平"与否只关乎个人选择，褒贬妥不妥是其次，主要是意义不大。个人选择的事，无须争到昏天暗地。

2010年，我25岁，大学毕业第四年，开始北漂。当时的工资是4000多元一个月；房租单间800元一个月，第二年1500元一个月（什么住宿条件就不描述了）。当时五道口附近的房价大概三四万元一平方米。说实话，一年剩不下几个钱。买房？痴人说梦。但北漂的前三年，身无分文的我过得非常开心，几乎感受不到任何生活压力。我想，如果当年有移动互联网，全中国人民都上网了，谁知道我会不会被各种半真半假的负面情绪影响，也跟着以消极卖惨的方式抖机灵。可能会吧。氛围对人的影响确实很大。

"躺平"主义，如果硬要说，这不过是一种消解方式，自我调侃，我大概欣赏不了这种幽默。其实从所谓的"段子手"这个群体刚出现的十年前至今，我每一天上网对满屏的"哈哈哈"都是蒙的。不客气地说，大多十分无趣，远不如一两个表情包来得有深度。

压力和困惑谁都有，意义感缺失跟感冒病毒一样，永远不会彻底被消灭，即便多年来我写了如此多的心灵按摩文字也依旧如此。或者用一句特别糙的话说，要不是"心理有病"，谁能坚持写这么多？无论是不吐不快，还是思绪的整理，写下的每一个字都在治愈我自己。

活着活着，责任和压力就来了，我反而感觉到了一种不一样的体验。重复一下之前文章里的一段话：

> 谁还没若干个虚无和彻底厌世的时刻呢？面临困难时的退缩、逃避、放弃，都是常见的反应。人不是机器，懦弱是人性回避不了的。但这些一闪念并没有造成人类大规模的自杀现象。说得大一点，正因为普通人在平淡的日常日复一日地践行一种朴素的英雄主义（认清生活真相依然热爱生

活），人类才走到今天。另外，从生活经验和更长远的眼光看，有责任的生活是有意义的，从而必然带来一种更为踏实的幸福感。

祝愿每个人都可以用最舒服的态度对待自己的生活。

4

改变命运的
最强武器

在 命 运 决 定 你 之 前

30岁以后应该问自己的事

我以前很反感这一类说法，诸如几岁之后应该做的事，必读的几本书，必去的几个地方，应该做的100件事，等等。人和人不一样，没有什么事这辈子非得做，也没什么地方必须去一趟，更不存在什么书这辈子非看不可，尤其是很多所谓的经典之作，由于太过久远，在该领域早就有更好的更适合当下人阅读的替代品。

但在人的某些阶段，尤其是在青壮年时期，人们会追问反思，这可能是一代又一代人的一些共识。我倒不认为有神奇的人生建议可以让人少走弯路，通常是该走的还得走，就像死神来了一样，躲不过去。但人这一生太短暂，可以知道的事情太少，我们需要前人积累下来的宝贵的智慧和建议。就内心建设这一部分而言，它是一场无休止的战斗。

1. 自己的角色是什么？

30岁从来不是什么国际标准，只是人们习惯以整数来界定人生阶段，三十而立，四十不惑什么的。人早熟晚熟的差异普遍存在，所以不必拘泥于30岁。"自己的角色是什么",任何人都会在人生的某个阶段遇到,迟早的事。不仅很难回答,且无处可躲。

你看小朋友都很容易开心。因为他们正沉浸在对整个世界的好奇之中,一切都很陌生,脑子里有各种为什么,自我意识也刚刚萌芽,更多体现在占有欲和安全感上,但他们不可能会因为个人存在的意义而冥思苦想。成年人的心智、经历以及对世界的认知跟小朋友已经完全不一样,也许可以学习的是专注,但无法假装每天傻乐。是不是自欺欺人骗不了自己,意义建设的问题会始终纠缠自己。

关于这辈子应该成为一个什么样的人,多数人都希望能从他人那里得到实实在在的建议。你甚至无须纵观历史,就看看你熟知的身边人,绝大多数都是平凡地度过这一生。这个铁一般的事实并非建议人应该甘于平庸,而是提醒人在应该摆正心态,认识到大概率我们这一生都只会是极其普通的人。这一点也不丢人。

那么意义的建设就不应该过于广阔,而应该回到本能,好好活下去,不断完善自己,负起应有的责任,不给这个社会添乱,照顾好自己的家人。听起来老掉牙的道理或许才是值得一再审视,并随之调整的。在这样的过程中,意义逐步清晰起来。

2. 有保持阅读吗?

几十年前书还是很匮乏的物资,翻来覆去就那几本经典。现在信息是如此丰富,游戏和短视频大行其道,包括书在内的文字已经多到这辈子也看不完了。这两个极端都使得真正愿意阅读的人不多。

阅读的好处，从比较功利的角度看，如果多数人都不阅读了，你坚持阅读，这意味着你掌握了稀缺的技能。从文字的不可替代性角度看，一个人希望自己的内心更加丰富，不阅读是绝对做不到的。

当然这不意味着人必须得阅读，更不必说有不少人这辈子都不怎么阅读但依然生活富足。从来就没有人承诺读书会致富。从更大的层面看，阅读与否就在于你有没有兴趣通过文字来丰富自己的内心。有读者经常问：读完一本书什么都记不住，很苦恼怎么办？其实我也是这样。读书对人的影响是潜移默化的，看似全忘了，但其实已经对一个人的思想造成了根本的影响。

对我而言，阅读可以说基本上塑造了今天的我。我也不知道是该感激热爱阅读的那个我，还是感谢那些书。但不管怎么说，无论你从事的是什么行业，阅读都是人这一辈子最值得保持的习惯。

3. 有存到可以花一年的钱吗？

很多人身上没几个钱，但急于寻找理财和投资的秘诀。我为什么知道，我毕竟年轻过，犯过的错一点也不少，最没钱的日子最渴望发财，焦躁不安。倒不是说没几个钱就不能投资理财了，只是当自己的知识和耐心还完全不够时，虽然钱一直在贬值，但你瞎花并不会比财富被稀释更理性。

就说炒股吧，光听说谁投资获益，但股市上一赚九亏也是事实。凭什么觉得你就是少数能赚钱的？当然有些是厉害的人，那恭喜了。会是你吗？

我只是想提醒所有人，在投资这件事上慎重很重要，保证不亏钱要比赚钱重要。也不要花钱跟谁学理财投资，想想看吧，一个能在投资里稳赚的厉害角色怎么会有时间和精力教别人投资致富呢？这个人性的逻辑就站不住脚。每个行业都有高手，高手背后付出的血泪和时间未必有人知道。高手总是稀缺的。当然了，人永远有一颗不服气的心，那去试试就全明白了。

对普通人而言，如果实在不懂，储蓄是最简单最笨的积累，哪怕是在持续通胀的环境里。在投资上赚钱需要的是谨慎和耐心以及学习，所谓的错过了某种机会的说法都是在给自己台阶下。第一，那从来就不是你的机会；第二，机会永远有，就看你自己能否意识到。

4. 有展望十年后的样子吗？

一个人能展望接下来两三年以后的样子我看都很难。但是时间确实过得太快了。像我现在总是无比感慨，十年一转眼就过去了。但十年又的确是比较长的一段时间，十年间人与人之间的差距可以拉开非常远。

但我不建议跟别人比，还是跟自己比。通常我们都幻想过十年后可以过上更加自由的生活。但日常生活我们说的自由，基本上是指财务上相对不那么紧张。因为我们想要更多钱，说白了就是为了能够在赚钱能力下滑后压力不那么大，还能有机会做自己想做的事。最重要的是，可以不做那些自己不想做的事。

展望未来绝对不是光想想就可以的，还是得从眼下的现实开始，但并不需要一个缜密的计划，因为十年太长，变数太多，可以拆成很多个短期的任务：短期内可以做些什么？有可能达到什么成绩？最差又能如何？最重要的是，不要有太高预期，否则整个十年可能都活在不满足里。

5. 有能安身立命的一技之长吗？

不少人在常年的打工生涯中完全忘记了其实自己只是运气好，在一个现存的体系里还能混到饭吃。真正脱离了组织，扪心自问，会干吗？有本驾照就算不错了，至少以后还能开网约车。哪怕是那些技术岗的人才，年龄也是个坎。一个工程师50岁之后还能继续写代码吗？当然，我不是在贩卖焦虑，这的确是值得认真对待的问题。

今天的很多家长都在培养孩子身上耗费了无数心思，都想让自己的孩子当学霸，考个好大学。这固然没错。但我认为社会对人才的需求已经越来越清晰了，相对而言，掌握一门技能或许要比仅仅拥有好文凭要重要得多。文凭是入职的重要敲门砖，但精湛的技艺才是安身立命的根本。

6. 除公司以外还有别的舞台吗？

这个问题其实是上面那个问题的延伸。公司打工是很安稳，但也很脆弱。安稳得越久越经不起变动，就是脆弱的。很多人到中年下岗之后找不到工作就彻底崩溃了，就是因为已经离不开以往的公司体系。

这是悬在每个打工者头上的一把剑，只是很多人可能看不见，但我建议你抬头看看这把剑，想想它掉下来的时候你是否挡得住。试想一下有一天找不到工作了，你还能如何活下去？不着急，慢慢想。想到了更不用着急，慢慢为公司以外的舞台积累舞技。迟早都是要离开的，没有人会一辈子打工。

7. 有浪费时间和金钱吗？

有浪费时间和金钱？有吧。每个人都有，你也别慌。但是时候认真对待时间和金钱了。尤其是时间。

很多人都瞧不起一点点攒钱带来的奇迹。很多人真的没有任何投资理财能力，就是用非常笨的办法攒钱，十年二十年，最终也能攒出一大笔来。我们千万要相信一点一滴积累的力量。尤其是如果自己没什么特别的本事，就不如老实一点。

不过，我相信多数人会在30岁以后突然感觉到时间流逝加速了。不信过了30岁的人回忆一下，高中三年和大学四年是不是还挺漫长的？但是过了30岁，一晃就是好几年，非常吓人。再想想，过了40岁，过了50岁，大概也会自觉进入人生的倒计时了吧。

所以，珍惜时间吧。至少，每个人在拥有的时间上是绝对平等的，无论贫富贵贱，每天都是24小时。

当然，你要说人活着开心最重要，那也行吧。

8. 每一天都过着一样的生活吗？

多数人在一个又一个比较长的时间段里通常都是过着一样的生活，日复一日。这才是正常的，稳定的。即便有任何了不起的计划通常也需要长期的准备，但大概率人在很长一段时间里每天都过着差不多的生活。

追求变动的前提是变动有比较明确的收益，并且一定要考虑到变动的成本。一个人过了30岁还意识不到生活中有大半的事情需要妥协和容忍，完全没有机会成本的意识，那就有些不成熟了。

只要每天坚持看十分钟的书，或者学习个什么，那其实每天都是不一样的。在看似日复一日的平凡生活里，每天都在悄悄的进步。

事业和婚姻这种大事当下如何选择？

在2013年1月4日的《科学》杂志上，哈佛大学心理学家丹尼尔·吉尔伯特和他的同事提出了"历史终结"错觉的概念。

这项研究的结论是，尽管大多数人回忆过去，能清楚意识到自己的变化，尤其是在性格、品位、价值观等方面，但人们却坚信，未来的自己不会有多大的变化。研究结果还进一步显示，年轻人大多没有期待未来会发生什么变化。

该研究有将近两万人的调查样本，说明人对未来的预测几乎是不靠谱的。十几年前自己喜欢的偶像、最好的朋友，时至今日分别是什么样的状态；十几年前自己梦寐以求的东西，如今是否还狂热……这些对比，每个人都可以试着思考一下。

我们畅想未来，把时间拉长到十年或者二十年，只有一点是可以确定的，今天我们的性格，坚信不疑的价值观，以及自以为卓绝不凡的品位都将发生变化。但是很难预测将会往哪个方向变化。

"历史终结"错觉概念对当下生活的启示，不仅包括外界的环境会变化，也包括你自己会变成什么样的人是不可预知的。因此，认定的终身事业、矢志不渝的爱情，极大的可能只是当下的错觉，并且令人无奈的是，人无法预测这些事物将会以什么样的方式发生变化。

既然我们知道了这一点，不妨拥抱这样的必然，并且试着往更好的方向去改变自己。兴趣爱好比较难捉摸，谁能想到十几年前迷得不行的东西，今天已经完全没感觉。倒是有点期待十几年后自己到底会对什么样的作品有兴趣。

我自己身上比较明显的变化是，会更喜欢简单朴实的东西，比如十几年前肯定是欣赏不了汪曾祺的散文，如今不再有年轻时伪装和虚荣的需求。好像针对这种变化的原因，我们也有一个说法叫"年纪大了"。

个性和价值观上必然发生的变化倒是带来了一个好消息，所谓"本性难移"的偏见值得商榷，人是会变的。那么人就应该抓住这样的机会，无论什么年龄段，都可以朝更好的性格靠拢，一点点学习更好的理念，将之变成自己的价值观。从相信自己能变更好开始。

如果我们今天对未来的所有预测都是错的，小事情还好，兴趣爱好不值一提，但事业和婚姻这种大事当下如何选择呢？时下舆论和主流观念纷纷扰扰，充满了各种噪声，像"不结婚也可以很快乐"都会成为微博热门话题。

人人都希望自己当下做出的一些重大决定未来不会后悔。如果承认自己是普通人，我想随大流应该不会错得太离谱。大流就是世俗生活，过往人的经验总结。这既可以观察身边人的案例，也可以参考心理学的相关调查结果获得。

我在《人生后悔五件事》这篇文章中提到过，有个澳大利亚护士搜集将死之人表达的后悔之事，其中多数男人最后悔的一件事就是，活着的时候工作太努力了。应该是说一辈子都全身心投入工作中了，忽视了真正的生活。

不过，"历史终结"错觉注定了每个人当下的选择在未来都可能是错的，如果想通了这一点，也就不必耿耿于怀过去的选择，"早知今日，何必当初"是不存在的。

要发疯很容易

对群体心理的研究有一百多年了，但依然绕不过《乌合之众》这本书。所有的群体事件表现出来的疯狂和无意识，无论古今中外，都是一样的。

群体事件的无意识，只要身处群体之中，无论作为个体是什么样的性格和个性，都会被群体固有的疯狂吞噬。与此同时，也会感受到一种集体带来的力量，卑微无能的感觉烟消云散，取而代之的是残忍、短暂却强大的力量感。

一个心理群体表现出来的最令人称奇的特点是：无论组成群体中的个体是谁，无论他们的生活方式、职业、性格或智商有多么相像或迥异，只要组成了一个群体，他们就会形成一种集体心理，即在感情、想法和行为等方面，作为群体的他们与作为独立个体时完全不同。如果不是组成了一个群体，一些想法和情感压根就不会形成，更不用说付诸行动了。

勒庞在这本书里的推论，极具说服力，而事实上人类历史上所有的群体运动的表现也都证实了他的说法。群体的疯狂和无意识，因为融入集体后，每种情感和行为都具有传染性，通过观察个体的行为去理解是不得其法的，群体既能露出凶残的人性阴暗面，又能超越生物趋利避害的本能，做出一些牺牲行为。

另一个极其重要的因素是匿名性，藏在群体之中，虽然获得了力量，个人责任的束缚也就此消失。

单独的个人在生活中会是个遵纪守法，过马路不闯红灯，喜欢宠物的良好市民，但只要一加入群体就很容易表现出另一面。随波逐流，行为完全不受自己控制，而且他本人在行动时意识不到这一点。

而无论正邪，群体的领袖都深谙此道。面对面交流，需要诉诸理性，晓之以理。但面对群体，要领导群体干大事，理性却是徒劳的，只会让群体昏昏欲睡。领袖人物需要的是，指明方向，描述未来，信誓旦旦，慷慨激昂，不断重复，掷地有声。勒庞总结出领袖发言的三个方法：断言、重复和感染力。

不要问，只要信。

如果仔细去观察，身边这类例子多得是，不一定是街头运动，只要是庞大的组织群体，宣传工作的行文和用词特点都是类似的，甚至那些成功的品牌广告同样懂得其中的道理。也许不是刻意为之，但就是做对了，成功输出了幻觉。

也正因此，那些语义模糊的大词往往最有影响力，如民主、平等、自由等等，这些词的意思非常含糊，从来就没有公认的标准定义，从人类学会思考开始就有无数的著作解读这些大词。读者各取所需，按照自己的知识结构获得粗浅的理解，最重要的是，这些词语从来不指向具体事物，却提供了无限的美好未来。

一直以来的争论是，到底是武力牛还是观念更具有杀伤力。从人类漫长的统治历史看，武力只是一种征服手段，持久而有力的依然是观念。个体在思考的时候是冷静的，自然比较难意识到这一点。

《乌合之众》这本书里恰好举了罗马帝国的例子：

> 德·库朗热（Fustel de Coulanges）在其著作中指出，维系罗马帝国的不是武力，而是宗教信仰的鼓舞。他在书中写道："一种群众痛恨的政府统治形式竟然维持了五个世纪，虽然只有区区30个兵团，却让亿万人俯首为臣，这种情况在历史上再也不会出现。"他们顺从的原因只有一个，那就是皇帝是罗马的人格化象征，像神一样受到全国人民的崇拜，即使在罗马最小的城镇，也都设有膜拜皇帝的祭坛。

仔细想想，我们其实也不陌生。

观念有力量，但其产生、发展和消亡都需要时间。时间长短全看运气，建立普遍信念的道路十分曲折，可是一旦深入人心，便会拥有难以征服的力量。

从更现实的角度看今天，值得乐观的是，改革开放和经济发展的重要观念深入人心，短期内不会突然消亡。不乐观的地方是，勒庞永远都想象不到今天移动互联网的出现、社交产品的出现，使得虚拟世界的群体事件每天都在冲击着人们的精神世界。

刷屏的文章不是关于热点事件就是关于某种情绪出口。今天互联网内容的传播极其符合群体心理学的一些观察结果。人人抱着手机接触世界，貌似孤独，但其实永远跟群体拥抱在一起，并且具备了最重要的匿名性。很多网络上张牙舞爪的妖怪在现实生活中可能温顺得像只绵羊。

勒庞毕竟不是为了黑而黑，虽然已经把群体的丑态剖析得淋漓尽致，但也不得不承认，借助群体能量，社会才有了的进步。

> 群体从来不受理性的引导，对此我们是否应该表示遗憾？不必贸然肯定。毫无疑问，在人类文明的进程中，推动人类发展的不会是理性，而是令人鼓舞的、果敢的幻觉。这些幻觉，是支撑我们潜意识力量的产物，无疑也是必要的……所有文明的主要动力源并非理性，而往往是各种各样的感情，如荣誉、尊严、自我牺牲、宗教信仰、爱国主义和对光荣的向往。

同样的道理，过去的传播原理基本上早就不适用于当下。近年来无数的社会心理学实验也都表明，某段时间内产生的爆款内容完全是无法预测的。但事后去分析，也能有个模糊方向，就是情绪上的感染力。

很多社会的进步的确也受益于符合"乌合之众"行为模式的网民的参与。另外，即便你自己不参与，也多少能理解一些人在网上寻求各种组织，无论是学习组织，某某品牌自发的粉丝群，还是已经不怎么被提起的社群。抱团取暖让人有安全感，踏实，有力量。毕竟现实生活里握着手机的他们是那么孤独和没有存在感。

理解归理解，明白这些道理对个人的好处是，你需要知道很多公共事件导致的愤怒是当下的特殊的信息参与和互动模式带来的，并不意味着它有多严重，更不意味着这个世界正在堕落。其次，要时刻警惕自己可能不自觉地陷入了狂热。

　　今天人们已经离不开互联网了，个人生活无法彻底逃离群体，但适当地远离和观望是有好处的，只有在这种时候你才能发现一些自己生活中真正重要的人和事。

最简单的处世原则

人这一生有太多的困扰都是无法直面现实造成的。

现实有很多方面，我们的出身，我们此时此刻的状况，比如年龄、长相、身高、收入、学历等。其中有些是无法改变的，又有很多是一直在变化的，比如一年又一年，每年长一岁；比如收入和技能的积累，也在变得更厉害；比如荒废了自己，变得更差劲儿。都有可能。

尽管出身一般，甚至贫困，更不幸的是，父母似乎也并不那么懂得什么是爱和尊重，但只要自己意识到这些，改变就可以开始了——主动权就在自己手里。最起码，有手有脚，可以远离。

很遗憾的是，一些人总是在抱怨，开口闭口"原生家庭"，或者产生其他的负面情绪，这又能改变什么呢？

如果由于各种原因，学历不高，能力不足，可选的工作不多，怎么办呢？同样的道理，只要已经意识到这一点，而且是真切希望改变现状，那么除了努力，还能有别的更好的办法吗？抱怨、阴阳怪气、愤世嫉俗能改变什么呢？

以上看似有些离题，其实不是。人际关系也是一样的。

每个人在人生的每个阶段所处的环境不一样，过程中个人的学习、思考、境遇也完全不同。实际上每一天都在悄悄变化着，过去的朋友突然陌生、尴尬、无话可说，没什么奇怪的，这才是正常现象。

"朋友一生一起走"，只不过唱得好听。朋友不可能一生一起走，朋友就是一路走一路更新。你试着回顾一下，小学、初中、高中、大学，每个阶段亲密无间的好友至今还保持联系的有几个？

彻彻底底、反反复复地接受人际关系必然的变化，就不会有困扰了。是的，此时此刻你认为的好朋友，说不定过几年就形同陌路了。如果更狠一点看，把时间拉长了，什么朋友不朋友的，最终不都一个结局吗？

这听起来很消极。不是，实际上是基于现实的积极心态。人与人之间就是缘分，缘起缘灭，顺其自然，不强求。我们珍惜当下拥有的友情，并接受它随时会消失。有些变化甚至来得飞快，昨天还亲密无间，今天已经形同陌路。

庆幸有互联网，朋友的选择面理论上是无穷大。想象一下没有互联网，我目前生活中99%的朋友都将消失。我以前说，互联网是前所未有的伟大工具，但工具是中立的，有人用来学习交友，有人用来刷短视频、玩游戏。

随着各种信息的冲击，人与这个世界的割裂会越来越强，不少人在现实中找不到能聊到一块去的人，不用太担心自己格格不入，互联网上必定有跟你一样的人。

交朋友这件事涉及主观意愿和客观现实。所谓朋友，大家最看重的是什么，有趣？有钱？有学识？都有可能。但很显然大家最终还是在乎人品，真挚最重要。一旦人的需求有清晰的共识，问题就变得简单了。希望交到朋友，自己要配得上别人的喜欢，保持善意和真挚就足够了。

如果很不幸你突然发现自己没有朋友，要么是你觉得一个人挺好，要么就是你自己的问题了。朋友不会从天而降。

虽然人与人之间不太可能完全互相理解，但这又有什么关系呢？确信自己是个不错的人，别人对自己的误解或者误会是他们的事。总会有人觉得你值得交往。

这就是最简单的处世原则，以不变应万变。不变的就是你的为人。

全面虚伪的代价

我不太确定是不是自古以来都有类似的说法，大意是说，不要在愚蠢的人身上浪费时间，试图跟他们辩论讲道理；相反，应该顺着夸，让他们继续活在幻觉里。更何况，忠言逆耳，指出别人的错误或者不足从来都不是明智的选择。

我们对粗鄙有深刻的印象，熟人社会的那种"毫无距离感"令人窒息。直言不讳，万物显形。比如我记得小时候，村里眼睛不好使的一律会被叫成"青瞑"（盲人），再加个名字以示区分。胖的矮的就更不必说了。大人小孩都这么叫。大家几乎都不富裕，所以在言语中尽显势利，也可以说是务实。相亲就跟商务谈判一样，讲的全是实实在在的利益。

农村人很少有不切实际的幻想。认命，擅长苦中作乐，拿别人的短板寻开心，也绝不会放过自己。"青瞑栋"他妈问："我们家阿栋这眼神不好使可咋办啊？"大家一致表示，这眼神不好使厉害啊，给人算命明显有说服力。"青瞑栋"他妈听了哈哈大笑，也赞同这是条路子。

可以想象一下，文明的大都市里，走到哪里，阿栋和他妈妈都会感受到加油和鼓励。大家都会夸阿栋的眼睛有他自身的特色，没有人敢说眼盲以后怕是挺麻烦，更不敢开玩笑说长大了我看也就只能去当算命先生。

温馨、怡人、温暖，社会的确是越来越文明了，价值多元，审美多元。只是事情很明显也在发生着一些并不阳光的变化。

人间所有的脆弱都能得到安慰，所有令人难以接受的短板都被滤镜美化。

学校为了不伤害孩子不再公布成绩排名，假装大家的学习能力一样好。情感博主们不敢指出或许问题的根本是你不够优秀。穷、胖、丑这种刺眼的字眼很快将在公共领域绝迹。处心积虑讨好消费者的商家早就洞察这种氛围，无论你是谁，你就是最美的。

虚伪之风吹得众人陶醉。每个人都像孩子一样被哄着。人人都看得到外界的真实，唯独看不清自己的处境。

主流的话语粉饰与现实的残酷彻底割裂，最终那些迷失其中的弱者将受到最严重的伤害，他们是全面虚伪的代价。

一个学生不知道自己成绩很差，不会有迫切的动力去拼搏。

一个在感情中屡屡受挫的人或许从未认真审视自己是不是问题出在自己身上。然而如今贴标签是如此方便，什么"渣男"啊，"绿茶"啊，给对方贴上标签后，自己被衬托得一干二净，是需要被抚慰的受害者。

因为真相总是令人难以接受，真话刺耳，各种情感毒鸡汤也都在顺着人性的弱点给出安慰，说你想听的。网上再那么一抱团，就很难走出去了。自身的缺陷不仅被无视甚至被当成个性。结局毫无悬念。

无论长成什么样，首先都要接纳自己，接纳自己是自信的前提。积极一点，发现自己可以进步的空间，即便无所谓也不要自欺欺人，以为自己如别人说的那般美貌，以为广告里说你本来就很美，你还真的就信了。大家都是随便说说而已。

因为在幻觉和真实之间徘徊而变得自卑敏感，别人就更不敢跟你说实话了。真正认清自己，反复确认之后，无论处境如何，人都会更踏实一点。

不要听信那些赞美贫穷的鸡汤。出身贫寒不是你的错，甚至是一种不幸，但赞美就是一种残忍了，除了自我怜悯之外毫无用处。而自我怜悯是毁灭自己最有效的武器，因为受害者心态会把自身所有缺点都合理化。

比赞美更有害的是让你内心滋生愤怒的那种论调：是命运让你变成今天这样，是社会让你变得如此卑微，自己无辜无助，是时代的牺牲品。这么下去，人只会变得自暴自弃。

其实整个人类历史，人开始有自我意识的时间并不长。无论中外，都有着漫长的依附意识的历史。但一旦有了这种自我意识，从反思和争取个人权利开始，演变到今天，文化层面上就变成了鼓励每个人都应该"做自己"。

人是应该做自己，每个人都是独一无二的。这一点错没有。但我们也要意识到，只要还存在于社会，还要跟这个社会的其他人打交道，那么无论选择哪种具体的"做自己"，都要清醒地认识到相应的责任和后果。谈论自由，责任是绕不过去的。

然而在这种人造的虚伪温室里，人们听到的声音里很少谈代价和责任。

一个人可以选择"做自己"，选择自己想要的一切合法的生活方式，但不应该"既要……还要……"。如果选择高薪，就得接受可能的无休止加班。如果选择成为自由职业者，就要接受可能的风险。男生如果不修边幅，就不要怪女孩子嫌弃。如果整天游手好闲，就不要抱怨这个社会欠你一个好工作……

"做自己"要有一个自洽的心态。

这个社会当然还存在着许多有待改进的不足之处，这种大环境的缺陷如同天灾一般，你我这样的普通人是毫无办法的。除此之外，这个社会不欠任何人任何东西。

个体意识觉醒的"做自己"，要求每个人都要清晰地承担起责任来。而要做到这一点，需要每个人都在被粉饰过的信息迷雾中先认清自己。人一旦在舆论的糖衣烟幕弹中迷失自我，对自己以及对环境的认知都会出现巨大偏差，很容易接二连三地犯错。意识不到自身的不足，也就很难有机会让自己获得真正的成长。

两种看起来有些矛盾的生活必备技能

Q: 吴主任你好，你叫我小杨就好了。高中毕业后读专科。新学校有吃饭玩乐的朋友，没有交流沟通的朋友。我敏感，只有一个在异地的朋友。开学半年后陷入紧张焦虑，并且失眠至今。没有朋友陪伴，选择看纪录片和看书。大二的时候准备专升本的学习，几乎是一个人生活学习的状态。

今年6月份通过考试，在上海和朋友一起工作生活三个月。9月份回合肥上学，立马开始准备考研，我想让自己忙起来。我感到孤独，选择了一个朋友，他是个善良的人。过去一年里我觉得活着没有意思，人为什么理所当然地活着呢？生活就是在不停地处理问题，甚至我没有犯错，别人也会给我造成麻烦。但我没有勇气自杀。最近一周情况变得严重，每天突发严重的情绪问题令我痛苦。我觉得自己承受不了了，去看医生。事情发展到第四天，我认为太严重了，向当天的课程老师全部请假，通知我身边的朋友，和班主任说明情况可能需要经常请假，这可能不是一个短暂的事。同时认识了几位善良的新朋友，我的老师做得非常好，在配合我。我一直希望她不要告诉我父母，因为我父母肯定会非常担心。我现在无力安抚父母。

今天老师告诉父母后，我立刻接到父母的电话。我和朋友对此表达了一下对老师行为的愤怒后，重新和父母电话沟通。我妈果然哭了。这个电话对我的状况没什么帮助，唯一的作用是我稍稍确定了父母的情况，但我知道他们无时无刻不在为我担心。下周我会回家让爸爸妈妈看看我。班主任各方面给我很大的帮助，我很感谢她。我总是想起父母现在的情况，我要如何做才能使父母不必太过担心？出现突发情绪问题我会立刻离开教室找个舒服安静的地方待着，所以除通知的朋友外，其他人都不知道我出现异常。我的朋友、老师都给我提供了帮助。但是父母这边，本来不必发生，现在已经发生，我要如何做才能减轻他们的担忧呢？

小杨，你好，你去看看专业的精神科医生会比较好。专业的医生会给出一些比较科学的鉴定，至少还有陪聊的工作，你这种情况找个人聊一聊会对你的心情有巨大的改善。

负责任地说，我感觉我说什么用处都不大，也不希望你依赖我的回复。如果把问题聚焦在如何减轻父母的担心这件事上，显然，你的状态没办法让父母不担心。你不必生老师的气，老师通知你父母才是负责任的表现。

失眠，敏感，身边没有朋友，自己看书学习，生活琐事不会因为你独善其身而消失。问题和麻烦不断，你很痛苦，觉得活着太没意思了。其实生活本身就经不起追问意义，无论穷困潦倒还是风光无限，都要经历衰老，最终的归宿都是死。那么这所有的一切还有什么意义呢？听起来一点意义也没有。

但你反过来想，正因为从来没有一个叫作"生活"的人要求我们某种标准的意义，我们每个人才可以自己去寻找和发现属于自己的意义。更直白一点，你最在乎的人和事就是当前最大的意义。你在乎你父母，那么无论如何让父母不要再担心你就是你活着的意义。

人总要学会两项看起来有些矛盾的技能。

一项是把时间拉得足够长，从当前的生活跳出来看自己的当下。多数此刻困扰你的问题在人的一生中都不值一提，可能是朋友之间的关系，可能是感情问题，还可能是学业或工作问题，又干脆是被骗走一笔钱。该有什么情绪就表现什么情绪，说明我们还是个大活人，有脾气。但冷静下来想，在这一生中，上述问题都是屁大的事。人往往就是跳不出来，尤其是很多失恋的人，感觉失去了整个世界。其实世界真的太大了，你会遇到什么样的人和事都是未知的，那些未知里存在着你人生的终极意义，它们都在等着你。但前提是你要好好活着。

另一项重要技能是专注于当下，就是今天，此时此刻。说一件很小的事，我囤积了几百本书，一想到它们我就头痛，什么时候能看完啊？但此时此刻，我只做一件事，就是给你回复，希望你能珍惜自己的人生。

妙不可言的缘分，你问了我，我看到了。我希望能给你一些帮助，但我知道自己能力有限，估计说的话完全没用，但我还是愿意试试。我还希望生活中跟你有着差不多苦闷的朋友，觉得活着毫无意义的人多少也能看看我过去的一些文章，振作起来，去寻找自己的意义。

学会专注于此时此刻很重要，无论你是在看一本书，还是在路边散步。

你看书走神了，是因为书写得不好，还是今天状态不对？想干点什么呢，买个吃的吧，或者就出去走走。你注意一下你的步伐，沉重，还是轻盈。判断一下自己今天的状态，好还是不好，为什么，是不是没睡好。

看看马路两边的树是不是都秃了。秋天来了，会让你想起什么，总会有些内容。再注意一下行人，形形色色的打扮，你可以猜测他们的年龄、身份和可能发生在他们身上的故事……没有什么目的，就是一种乐趣。

像你这种喜欢独来独往且敏感的人应该特别容易在生活中发现乐趣才对。

你也可以试着坚持做某件事，无论是学习还是健身。因学习和思考拓宽思路带来的幸福感要比简单粗暴的刺激持久得多，最关键的是，潜移默化的影响总有一天会在你身上体现出来。

人与人的区别就在于每一天的积累不同。真正理解并践行这一点的人，不需要很久，一个十年天差地别。

其实人生的意义很简单，并不是为了谁，就是为了自己变得更好。你说承担起责任养家糊口，这是压力，但要做到这一点，本质是要让自己变得更厉害，否则就是一句空话了。

责任是义务，也是能力。有很多不幸的家庭，老人无人照应，不是儿女不想，而是能力不足。

人们总是在各种文艺作品里感叹奇迹，如果你愿意仔细观察身边的小朋友，想想看，每个受精卵都不过是小概率的胜出者。再想象一下自己也是从小朋友变成今天这副模样。你就无法不感慨，生命本身就是奇迹。

跟你父母好好聊聊，多多沟通，一起规划一个合理的目标，让他们看到你的努力。你不需要有什么压力，暂时够不着的事情要认命，但这不妨碍你一年比一年好。无论你选择了什么领域，你都不需要在意别人对你的评价，你得建立一套自己的评价体系，你应该比所有人都好奇你这一生能够走多远才是。

年轻最迷人的地方是有无限可能。加油，小杨。

世界太远了，也听不见

有读者问，主任有没有什么判断或者观点是你与当下大多数人背道而驰，但自己深信不疑的？

有个国外网站上曾有过投票，问你觉得真理掌握在多数人手里还是少数人手里。投票结果有意思，多数人都选择了真理掌握在少数人手里。该测试汉化之后拿到微博上测试，结果差不多。

除非有一个全民测试，否则严格来说谁也不知道大多数人是怎么想的。但这么聊天就显得很假。即便是数据说话，生活里能接触的数据也十分庞大。

说中国过去几十年来的飞速发展，各方面硬气的数据一大堆，经济总量跃居世界第二，毫无疑问是世界奇迹，但若是深入具体到某些区域的个人，恐怕经济上需要提高的空间还很大。

之前有个数据，大概是说如果你年薪10万元，你就"打败"了90%的中国人。给人的感觉就是，真实的世界跟自己想象的世界不太一样。

但知道这些会多少给生活一些安慰吗？一个年薪15万元的大城市白领生活的幸福感跟知道这种真相其实无关。该为钱和工作焦虑时一样焦虑。

什么三观也好，自由意志主义的倾向也好，跟六七年前几乎是一样的。这些与自由相关的理念，我大致上未来也不会变。不用去做调研都可以猜到，我的文章，输出的每一个字都与当下多数人的理解和判断背道而驰。

所以回到开头的问题，我有与多数人的理解背道而驰而自己却深信不疑的判断或者观点吗？并未统计，只能从直觉上说我的每一篇观点类文章中全都涉及这样的判断或观点。

但不重要了。

我最近这些年跟以前不太一样的地方是，越来越不关心外部世界的真相和变化。会去了解，有自己的看法，但并不关心。我更关心自己和亲朋好友。

老实讲，不少热点话题我能说得上话的（现在可能叫蹭热度）也愿意随便聊聊，但那不是真的关心，目的很纯粹，就是想说而已。一些老读者偶尔留言表达他们的困惑或者展示取得的成就更让我有感觉。特别是听到一些读者说因为我取得某些非常具体的进步（也许是误会），我会由衷地感到高兴。

原因很简单，相比长期关注的老读者，世界离我太远了，世界也听不见。

比长远更长远的眼光

老王来自农村，家境贫寒，高中辍学。在大城市谋生，当过保安，端过盘子，送过外卖，现在是一名网约车司机。起早贪黑十几年，一直跟老婆租住在远郊。老王算过了，这辈子干到干不动，也不可能在这个城市里买上房子。儿子现在读幼儿园，户口就更不敢想了。

问，老王应该拖家带口回老家吗？

或许每个人都有自己的答案。答案不在于怎么说，而在于每个人的实际行动。虽然不少人在大城市拼搏并未奢望能留下来，只是想趁年轻多攒钱，随时准备撤退。但确实也存在一部分人，他们会看得更长远。

通常我们是说眼光放长远一些，无非就是十年二十年，最长也就这一生了。但如果有了下一代，比长远更长远的眼光就是整个家族的命运。

人要有远见卓识，要看长远一些。无论个人成长还是投资，（其实是一码事）没有耐心却想要胜出是比较难的，除非运气足够好（包括天赋异禀）。

> 面对这漫长而平淡的一生，多数人都败给了耐心。换个角度看，正因为耐心是极其宝贵的品质，所以能做到的自然是人中翘楚。

很多人即便一辈子勤勤恳恳，耐心积累，确实也未必能取得多大的成就，仅就收入而言，老实巴交地攒钱，到手的数字是可以预估得出的。这并非什么奇怪的理财方式，相反，过去中国的大部分家庭就是这样赚钱攒钱的。几十年前生活没有什么可能性，信息也不发达，很少听到令人咋舌的财富故事。生活的困顿会一点点地让人们耐心接受现实。就是日复一日地努力工作，养家糊口。

即使是这种最笨的办法，也让家庭之间拉开了差距。

有人借助父母的帮助，就可以相对轻松地在大城市扎根，但有更多年轻人的父母拿不出钱来。看似不公平，起点高低不同，实则公平，人家父母大半辈子的积蓄不留给孩子留给谁？"拼爹"拼不过的年轻人也无须抱怨，或许这辈子无法在大城市买到房，但至少所有的努力和积累不会白费，毕竟这些成果将垫高下一代的奋斗起点。

这个道理似乎根本不该重复，多数普通人就是这么做的。但大城市的生活压力和一些政策带来的不便，尤其是各种信息噪声，使很多人心神不宁成了常态，无形中给自己酿造了许多压力。因为模糊地估算下来，发现自己很难达成近期和中期目标，想想就倍感沮丧。

不必过于苛责自己，这是正常的情绪，但如果屡屡被压力折磨，当下的生活质量就很难保障。所以，人的确需要在焦虑时有一次认知上的调整。只要认知上改变一下，过日子就不太需要"挺住""忍住""坚持住"这么悲壮而艰辛了。

因为如果能真正地在认知上看得更长远一些，而不只是"这道理我都懂"，那么在迎接生活的挑战时人就会很自然（不费劲儿）地变得更加有耐心。不着急，着急也没用，一点点尽力而为，总比每天陷入焦虑，非得五年十年内赚多少钱才开心。

每一站都是旅途，很快就会有更大的野心，这个只要稍微回顾一下刚出来工作和工作十几年后同样一笔钱带来的反应就全明白了。学会平静地与无止境的欲望和谐相处，则又需要漫长的反复训练。

人大概就是被外在的环境和内在的欲望反复磨炼而逐步变得强大起来的吧。

乔布斯的"鸡汤"可能有毒

乔布斯很伟大，这毫无疑问。但乔布斯的"鸡汤"可能有毒。

这么说似乎有点夸张。换个更严谨一点的说法，广为传播的乔布斯的那些"鸡汤"，不适用于大多数普通人。

乔布斯生前最知名的公开演讲，就是在斯坦福大学分享的三个与自己有关的故事。其中第三个故事提及，要勇敢追随自己的内心，要不间断地去找到自己真正的热爱。

听着多过瘾，人生有限，不要浪费在自己不喜欢的事情上。完全正确！表达类似观点的畅销书更是多如牛毛，因为多数人都迷茫，尤其是年轻人。类似的说法带来了强烈的共鸣。痛苦的原因找到了，为迷茫注入安慰剂。

找工作的时候，犹豫、纠结即将踏入的工作岗位是不是自己真正想要的，如果不是，岂不是浪费了宝贵的青春？焦虑。工作上遇到困难，也反思：要不是为了钱，是真的不想干了，这显然不是我想要的。痛苦。

多数人都没有认真想过，追随自己的内心，找到自己真正热爱的工作，靠的是什么。不管摆出多么深沉的姿态，想是想不出来的，即使想出来的所谓真正的热爱，多数也是出于好奇。比如很多文艺青年都很想从事影视行业，又或者当个小说家。其中吸引人的地方有创造和输出的成就感，还有名气带来的虚荣心的满足。但没几个人能做到。原因是，别说取得什么成就，就光动手去尝试已经比想象中的难多了。

我把乔布斯的话稍微改一改：人在买东西的时候应该追随自己的内心，要买那些自己真正喜欢的热爱的东西，这才是享受生活的真谛。

这种话说出去，大家都笑了。怎么想得那么美呢，你有钱吗？

正常人都能识别出上述说法的荒谬之处，因为人都知道想要好东西，需要钱。但是很多人在假装深刻地思考自己真正想要的工作时，却完全不考虑资本问题。当然有更好的工作，收入更高，更能发挥创造力，更有自主性。问题是，这么好的工作，为什么是给你准备的，凭什么呢？

包括乔布斯在内的所有全情投入工作的人，当他们自己感觉完全受激情驱使时，就会很自然地表达出那样的观点。问题在于，这种激情是否天然就存在，或者说更真实的版本是，一开始乔布斯也就是为了钱（有关他的两本传记都有明确说明），后来取得了意想不到的成功。而且当时乔布斯和沃兹尼亚克都是兼职，风险不存在。根本没有所谓"激情"的空间。我更愿意相信是一步步的成功和技能的磨炼，一点点让乔布斯越来越投入，直到取得非凡的成就。

激情是结果，不是开始。

这当然只是一种猜测，乔布斯到底是个什么样的人，我不知道。但从自身的经验出发，我感觉这世界上不存在一份天选的或者命中注定的工作在等待任何一个人。从收入、趣味性、道德压力、创造力空间等等方面看，工作有好坏之分。但好工作和所有的好东西一样，稀缺。想获得世界上任何稀缺的东西都需要资本。

为什么有那么多人执着于寻找自己真正热爱的工作？因为这种所谓的寻找不需要成本，只是一种白日梦。也有不少人很冲动地频繁跳槽，追寻内心深处的也不知道有没有的呼唤（本人肯定觉得有），但多数结果都不那么令其满意。因为，那所谓的梦想中的职业即便不是幻觉，也不是想要就能有的。

资本，就说钱吧，有些人靠赌能赢，普通人就只能一点点老老实实积累。换到工作中的资本，有些人靠创业成功当老板了，普通人只能一点点磨炼相应的技能，让自己变得更有价值。

现实真是很残酷，往往是老老实实、坚持不懈磨炼技能的那些人，突然有一天发现，好多不错的工作都在向自己招手。并且因为长期磨炼出来的精湛技能，他们更容易实现自己的价值，自然而然多少都能在工作中找到乐趣，获得成就感，进入一种正向循环。

总而言之，追随自己的内心和寻找真正的热爱，值得推崇，甚至我认为这是条件满足之后多数人自然而然的想法。但多数普通人需要的是资本的积累。

当然了，我一直以来说的都是普通人的选择，那些自以为不普通的或者真的很特别的人，可能是天选之子，这超出了我作为普通人的理解。

专注点有幻觉，财富没有入口

Q： 吴主任，您好！不知道您会不会看到我留给您的信息。我今年大学毕业，双学历——政治+英语教育(都是师范专业)。毕业后我不想这么快进入学校教政治，于是我在深圳某个机构教小朋友英语。4月份就在深圳教了，有时候很厌倦自己的工作，待在机构不如待在学校。看不到前进的方向，所以就前来问问您。

其实我有条件在茂名当个中学政治老师，我爸妈的希望也是如此。但是，在老家的话，我永远就是那样了，安稳安稳，不用焦虑，没有惊喜，一眼望到头的贫穷与庸俗。人们都说深圳发展潜力大，但是我找不到财富的入口。因为圈子问题，朋友圈遍地老师。想找个人指引吧，他们自身信息也匮乏，给你的建议永远是当老师or（或者）公务员。所以我还是井底之蛙，既想要看看外面更大的世界，又想待在自己的舒适圈。

我也有过许多不切实际的梦想，当张学友的小跟班，卖英语资料，做香港代购，街边卖唱，或者像老友记的瑞秋一样从事服装行业……　读小学的时候，身边的亲戚告诉我，以后当老师吃香。读中学的时候，身边的同学朋友告诉我，当老师最适合你。读大学的时候，身边的人都致力于考教师资格证当老师。后来迷茫了，教我的老师也告诉我，当老师很好。从小身边的人就告诉你什么是好的，反而不清楚什么是自己喜欢的。

　　不过有一点是自己喜欢的，走遍世界，看不同的风景，但前提是要很有钱。好想找份世界各地飞的工作，这样的话我就可以在某地生活一段时间，而不是匆匆地游览。盼望您的回信。

杨德昌的电影《麻将》里有句台词：这个世界上没有人想知道自己要什么东西，所以他们看杂志、看报纸、看广告、看电视、听电台，希望从其中找到答案，希望让别人来告诉他们，他们自己到底想要的是什么。

> 这种不知道自己想要什么的困惑会伴随一个人很长时间，甚至直到彻底折腾不动的那一天。

上学的时候简单纯粹，目标明确，好好念书迎战高考。毕业之后，想去哪里，要做什么，理论上是有无穷多的选择的。但生活是如此现实而具体，无论如何得先养活自己。也许你意识不到，你比多数人更厉害一些，既可以回家当中学老师，还可以在培训机构教小朋友英语。

据说2022年高校毕业生人数将突破千万，就如今这经济形势，其中很多人的就业会比较坎坷。

你描述了一圈，烦恼的源头清晰可见，两个字：没钱。如果可以不为钱发愁，就给张学友当个小跟班，街边卖唱，从事服装行业，总之，做点自己以为真正喜欢的事。虽然这种心思都是一种新鲜感和好奇心，不过不要紧，想到自己有花不完的钱，阳光沙滩迈阿密，广场鸽子布拉格，还有浪漫的土耳其……想必这辈子都会非常幸福快乐。不少打算"丁克"的年轻人也是这么幻想的，攒几年钱游遍世界，一想到有孩子就顿生幻灭感。

但实际上那些真正有钱的人的生活普通得不可思议。世界上有很多早就不为钱发愁的人工作强度比你我都要大。奇怪，为什么这些有钱人这么不文艺，不热爱生活，有机会也不去各种国家生活体验一番呢？

是不是你比较特殊？应该不是，你就是个普通人，有着文艺青年们常见的生活幻想。

诺贝尔奖得主丹尼尔·卡尼曼说过这样一句话：在你思考一件事的时候，没有什么会比你的思考方式更重要。我们越是专注于生活的某个特定方面，它就越会变得无比重要，以至于在一段时间得不到会郁郁寡欢。

有一种说法叫"专注点幻觉"。倒不是说旅游不会给你带来快乐，有机会体验异国他乡的风土人情必然有所得，问题在于如果生活全是这些，至少你这么幻想过，恐怕不会比现在开心。因为当前你把这件事看得无比重要，忽略了生活本来的样子。

钱很重要，有足够的钱才可能有更多的自由选项，但很多人也会把钱和幸福这件事彻底画上等号，好像钱是唯一重要的。千亿富豪们的一天如何度过呢？不用非得认识他们，可以想象一下，一天24个小时，10个小时工作，8个小时睡觉，6个小时吃喝拉撒、休闲娱乐。吃的也是地球的食物，巴菲特喝的可乐和你喝的可乐几乎一样。当然，他们通常住在大别墅里，有些还有私人飞机，但这些还真是细枝末梢的差别了，不足以决定人的幸福。

钱和人的幸福感强相关，但到一定水平之后，多出的部分就和个人幸福无关了。用经济学的话说，边际效益递减。当然，对多数人而言，当前的任务不是去想有钱以后如何更幸福，而是更应该赶紧埋头赚钱。

说点实际的吧，就按你描述的来，你工作之余做做代购，或者在街边卖唱，这是完全不冲突的。现在马上就可以去做。你没有行动的根本原因只不过是想逃避当下的工作，但这不现实，你又能逃去哪里？如上所述，你就算有足够的钱了，完成你想象中喜欢的事情，也很快会陷入苦闷，这里所说的"很快"有时候可能只是半年一年，而你的人生还那么漫长。

人们都说深圳发展潜力大，但是你找不到财富的入口。这句话特别有意思，不知道是不是语言影响了思维，好像真的有一个入口，只要找到就能致富。深圳这样的大城市对普通人来说有更多的机会和可能，在深圳就意味着有更大的可能性。致富的可能性有大小，但没有入口。

在追逐财富的道路上，有个真相每个人都得接受，发大财几乎就是运气，赶上了好时代，撞上了风口，跟对了人。我在文章《不动心》里也说过：小富靠勤，大富靠命。事情当然不能那么绝对，但现在仔细去看这八个字，是概率。能否发财致富都是未知数，但一个勤奋的人不管出身如何，总能一点点改善生活。认清这一点，是心态。

总是要踏实点工作，但人当然需要一些希望和幻想，去尝试体验自己喜欢的，就算不喜欢也得试过才甘心。终究是为了获得更持久的幸福感，因此同样是去一个地方又或者同样买了一件心仪已久的东西，"专注点幻觉"这时倒是可以派上用场。

比如你买了一双期待已久的新鞋，为了让这份快乐持久，每一天穿上它时你就会刻意地去感受它的存在。它已经是你的了，你走路的时候有意识地感受它，时不时盯着它。哎呀，怎么这么好看呢，心里美滋滋的。虽然我们都知道，未来的某一天肯定就没感觉了，但这份快乐能多维持一天是一天。

日常生活，日常生活，摆脱不了日常，平淡无奇的日常。所以这个原理再放大点呢，就是我们要学会在枯燥无味中发现乐趣。这个能力很重要，因为外部环境不可控，但你永远可以从内心出发去体验生活的一些小趣味。

刚毕业的大学生迷茫和苦闷，作为曾经一迷茫就迷茫了四年的资深"迷茫家"，我深有感触。现在回头看，心浮气躁只会让事情变得更糟。别怕，对自己真正想要的生活不必急于寻求答案。

《麻将》这部电影还有句台词：这个世界上的人，都不知道自己要什么。你如果告诉他们要什么，他们只会对你感激涕零，任你摆布。

动机识人

趋利避害，是人性的普遍行为动机。

需要注意的是，其中的"利"和"害"没有客观标准，都是个人认知的结果。但这也许决定了你愿意跟什么样的人合作或者交朋友。

比如说，言而无信满嘴谎言的人并未注意到行为中的"害"，他们看到的都是行为可能的"利"。你大概不愿意跟这样的人深交，除非你也认为骗人钱财这件事是条不错的致富捷径。

> 人品和能力到底哪个重要。不言而喻，人品差的人能力越强危害越大。人品是一切的基础。

其实用不着这么区分，在一个相对自由的市场，选择当个人品低劣的人本身就是一种智力不足的表现，因为他们意识不到自己的短视和"鸡贼"，从长期看只会给自己带来无穷祸害。

虽然理论如此，但现实残酷，否则世界不至于这么复杂。因为长期有多长是未知的。所以不少人品恶劣的人确实也得到了善终。

这是一种赌，有坏人赌赢了。至于死后的评价，一般人不配拥有，百年之后谁会记得谁。

但在还活着的时候，我们总是希望远离人品低劣的人。这时你不得不，甚至是下意识地会考察他人的动机。

比如说，你有个朋友，在阳台上玩耍，不小心碰倒花盆，花盆刚好砸到路过的人。也许朋友因此被判刑了，但你不会觉得朋友是一个坏人。因为你能明确知道朋友并无故意。故意和非故意在量刑上那根本就不是一个性质的。

这个好理解。有些不那么明显，比如从他人的表达中判断动机。

我有一次跟nod请教设计，他说设计的动机最重要。他看作品经常会想到作者的动机。这个说法我印象深刻。

断断续续，我们从设计聊到文章，我突然意识到，尽管我从未有意识地关注动机，但其实一直都对文章的动机相当敏感。

就说我自己。大学时的愤怒就是无病呻吟，哗众取宠，满足某些奇怪的虚荣心。动机幼稚可笑。再后来当编辑做专题写文章，观点对错暂且不论，负责任地说，所写都是真诚的。这几年因广告动机变得不如以前纯粹，难免考虑流量。不过请读者朋友放心，本人人格依然闪亮，底线厚实。不能写的不写，写就真诚表达。

这种真实通常可以用表达者身份印证。同样的内容，不同身份就可以判断其动机是否可疑。

比如说战争时期，战场上将领的发言有煽动性，因为需要鼓舞士气，增强团队的凝聚力。这种动机是显而易见的，也是正当的，可理解的。

那么各位认真想一想，真的有普通人发自内心地愿意自己或者自己的孩子上战场？真的在生活中关心这些事？果真如此，那无话可说。如果没有，如果根本不关心这些，那么那些有那么点流量和影响力的人无成本地喊打喊杀鼓吹战争，到底是蠢还是坏？

一个普通人在朋友圈表达一种骄傲的自豪感是可以理解的。人可以为一切或者毫无根据地感到骄傲自豪。他们的目的仅限于表达本身。他人是否理解和同意是另一码事。

某人生了三个孩子或者领养了三个孩子，说这样才不亏欠人类！虽然你可能不同意这个观点，但确实无话可说，人家言行一致。观点你不同意，但无法不服气。

爱慕虚荣、追名逐利、贪财好色，这都无可厚非，皆属人的自然欲望。这些动机甚至都是心照不宣的，往大了说，欲望推动人类进步。无知不是罪过，观点有对有错，我们都需要时间慢慢学习成长，说错话、做错事都是不可避免的。

然而，一个有流量的人，一个流量可观的人，一个收入几乎来自流量的人（俗称"利益相关"），其表达动机就必须受到更加苛刻的审视：此人是不是说一套做一套？是以什么身份说这种话的，所说是真诚的吗？真关心这些吗？……总之，若有心，假是藏不住的。

不过严谨地说，这些都是个人主观感受的问题，确实不存在铁一般的"真实动机"。所以不要争，你觉得是什么就是什么。

哪些认知让我们更简单快乐

我越写越发现，鸡汤文和观念一样，都是可以也应该被反复提及的。我有时隔很久会看一下某些旧鸡汤文的阅读数，发现涨得很厉害，说明长期被读者不间断翻出来看。

1. 你未必得有理想

记得我在《我没有理想，没有目标，所以比较开心》里说过，自己确实没有理想。多年前，刚开始写文章的时候，是有的，倒没那么清晰，理想也很小，就是希望能传播一些好观念。有时用力过猛，反倒让人抵触反感，达不到目的。

我如今更新的动机模糊不清了。能传播什么呢？还不是仗着自己没什么影响力才显得稍微勇敢一点。

其实上述那篇文章的标题起得有点过分自信了。我的意思是，大概也谈不上"比较开心"。我常年的心理状态都是没有开心也没有不开心。所以这个"所以"是经不起推敲的。我的确没有理想，但并不必然因此比较开心。但我依然不打算有什么梦想。

2. 不用刻意寻找快乐

快乐是做事或者某些状态下的副产品。如果真的存在可以被寻找的快乐，那人间哪里还有不快乐呢？找一找，买一买？没用的，还是得做事。

做什么？做发自内心愿意全身心投入的事情，甚至愿意为之奋斗一生的事情。这种事是骗不了自己的，因为在做事的过程中快乐与否自己最清楚。

只是很遗憾，不少人这辈子都找不到愿意为之献身的事业，都只不过是打工而已。因此，多数人的快乐幸福最终只能来自爱身边的人，为家人和朋友们付出。拥有爱的能力，拥有愿意付出爱的对象，是幸福的。

3. 一切都跟运气有关

一切吗？是的。真是让人有些不安。想到一切都跟运气有关，人就很容易丧失斗志。我自己经历的事情越多，越同意这句话。但与此同时，我反而发现了另外两个值得欣慰的真相：

第一，我们只剩下努力了，运气虽然捉摸不透，但还是给了有准备的人以更大的概率。第二，因为一切都跟运气有关，那么就不用多想了，干就完了。其实还是俗话说得更好，谋事在人，成事在天。

4. 去运动

这一点我做得太差了，愧对曾经的热血篮球少年。我这十年来运动量加起来可能都不如我高中时半个月的运动量。尚未变成一个胖子，甚至看起来身材还可以，只不过是因为我吃得很少，一天两餐，偶尔一餐。

说我勤快吧，似乎在读书和写文章上有惊人的坚持。说我懒吧，我连水果都不吃，因为吃起来太麻烦了。我基本上不怎么吃小龙虾、皮皮虾、大闸蟹……不是它们不美味，它们都很好吃，是我觉得麻烦。

这是有问题的。但我目前也懒得改。

5. 严格审视自己的意见

无论外界的环境是什么样的，保持内心真实的自己非常难。因为这是两股力量的对抗。上过班的人大概都能体会什么叫"为了混口饭吃，那就你说了算吧"。

面对今天的舆论环境，我们要更加珍惜自己内心的一些意见。

6. 当个有影响力的人

其实移动互联网时代，人人都在表达，无论是群聊还是发朋友圈。每个人都在通过言论影响着这个世界。你赞同什么，分享什么，都在改变着看到的人，都在改变着这个世界的舆论。

7. 以喜好来定义自己

定义自己是硬需求，是身份焦虑的主要原因。你到底是谁呢？认真想想。所以难免有那种西装革履的人士给自己安上数不清的头衔。现在不少人的全部生命意义都在职场上，职位越高越有成就感，管的人越多越觉得自己活得有模有样了。

每当我翻看历史书时看到历史各时期各领域叱咤风云的天才人物闪亮的样子时，每当我看一些天文学家描述宇宙和时间时，我都实在无法不感慨……眼下的纷纷扰扰，各种噪声，一个个都在愤怒和激动些什么呢？都是尘埃。

生活还是要专注于眼下，聚焦在个人兴趣爱好上。这才是你。虽然都是要灰飞烟灭的。抱歉，我总是忍不住提醒各位都会死。为此，我们才要珍惜现在。

8. 尊重比你弱小的人

简单说吧，最能检验一个人素质底线的就是看他如何对待餐厅服务员。那种街边吃个盖饭烤串就认为自己是上等人的大傻×，是每个人都应该远离的。

9. 耐心

耐心的秘诀很简单，如果钱很重要，埋头赚钱攒钱；如果投资很重要，花时间耐心学习投资；如果读书很重要，每天阅读……

改变命运的最强武器

　　"命运"这个词本来是很宏大的，但世人对"命运"的理解很具体、很务实，就是能不能过上好日子，能不能摆脱当下的生活困境往前走。

　　而对"读书"一词的理解也面临类似的问题，到底是指一种平日里的阅读习惯，还是指学校里的学习考试。先说后者，在游戏规则统一而清晰的今天，努力学习，考上更好的学校，依然是多数试图改变命运之人的最简单的选项。它的简单在于规则清晰。

　　而这种规则的缺点一样明显，即对人的能力考核过于片面。人身上的很多能力和品质高考无法验证，甚至在漫长的求学生涯里都被消磨殆尽了。

　　乔丹·彼得森曾经指出过一个让人很难接受但不得不接受的现实，或许"智力"并不是一个贴切的原因，甚至"智力"本身的测试内容也一直饱受争议，但生活所呈现的真实，人类中有大量的人并不擅长逻辑和抽象思维，只能处理一些较为简单机械的工作。因此，必然有更多的人实际上并不适合去做学问，而是学一门很实用的技能。并且从实际的岗位需求来看，对体力劳动者的需求也要多得多。

基因决定秉性，出身决定外部环境和资源。在人出生的那一刻都决定好了。巴菲特用"卵巢彩票"来形容他的幸运：生于一个繁荣安定的国家，又恰好天生对数字敏感，痴迷赚钱。他说如果自己在原始部落恐怕是第一个死掉的，因为那样的社会需要的是擅长打猎的猛男，而不是一个会投资的人。

从穷山沟里出来一个中科院博士。这样的故事从什么角度看都很励志，但如果把目光聚焦在大样本上，也就是着眼于冰冷的概率上，我们将无比遗憾地发现，这是低概率事件。多数穷乡僻壤出来的人，最终都从事着较为简单的体力工作。

为了考上更好的学校而"读书"，到底能不能改变命运？能，但越来越难。

接受这种低概率的现实之后，更明智的做法是注重广义上的"读书"，即终身学习。

实际上你如果细品"改变命运"这四个字，会发现一种急不可耐的气息，表明人企图一劳永逸。这大概是人性中固有的对确定性的无限渴望。大家都期待一考定终身，无论高考还是公务员考试。

我小学毕业二十多年了，如今经常感慨，有助于人们更好地把握生活的朴实道理小学都教过了。比如《小马过河》就是讲"just do it"（做就好了）；比如《农夫与蛇》就是告诉人们不要不分善恶，一味地展示善良；比如《龟兔赛跑》强调的是耐心和积累，用现在的时髦话叫"长期主义"。

如果是短跑赛，乌龟怎么努力也没用的，天生不足，跑不过兔子。但如果是极为漫长的比赛呢？兔子的心性就无法跟乌龟比拼了。回到人生这条道上，平均寿命减去未成年的部分，有将近六十年的时间，即便只具备普通能力也足够一点点改善生活，甚至改变家庭命运。

我原本计划写一篇文章，讲通过这几十年的观察，包括线上和线下，很多人的命运在日常的诸多细节里被悄悄改变了。这不是预测，而是恰好有了足够多的时间验证。比如说，十年前起点差不多，甚至看不出能力的差别，最终拉开差距的不过是心性的不同。有人瞎焦虑，有人喜欢抱怨，有人犹犹豫豫，有人患得患失，有人则埋头日复一日地坚持做对的事。

好吧，不装了，摊牌了，那个日复一日地坚持做对的事情就是我。这两年经常有人好奇地问，吴主任你被多少人关注，我说十多万人吧。他们通常都客套一下，哇，大V。紧接着，我说，2013年就开始写了。他们纷纷露出复杂的表情，似乎是在说，嘿，真慢，人家一年就被几十万人关注。

对，九年，九年后的今天，你们翻一翻上周的阅读数，跟六年前差不多。一般人早崩溃了，绝对崩溃，稀稀拉拉写个几十篇没看到效果就放弃。

所以我绝无资本炫耀，我一直说我这个公众号的数据无不显示我的平庸。我真正想说的是，只管做，剩下的看与不看，什么评价，那都是缘分。

并且如果我准备再写三十年呢？其实我没有任何计划，哪天不想写了就不写了。九年看起来似乎刚起步，这点阅读数无所谓，一两篇写得好与不好有什么关系呢？别人又怎么能知道我从中受益几何？多说两句吧，除了运气还不错外，今天的我跟十年前比，脱胎换骨。身边的一些朋友很清楚这一点。而这一切都受益于我常年的阅读和思考，也就是耐心积累。

我以前说过，若我言行不一，那跟骗子无异。既然反复提及耐心，自己就得有耐心。并且有幸经过时间的考验，个人极大地受益于耐心。广告收入只是水到渠成的一部分，没广告也写。因为更重要的是不间断地阅读、思考、表达本身带来的潜移默化的影响。也许在别人看来"竟然都九年了"，但对我来说，过去的都过去了，这一切不过刚刚开始。目光足够长远，短期都是波动。

耐心不是培养出来的。坚持做对的事，做了又做，反复做，这不就是耐心吗？

图书在版编目（CIP）数据

在命运决定你之前 / 吴主任著 . -- 长沙：湖南文艺出版社，2022.9
ISBN 978-7-5726-0785-1

Ⅰ.①在… Ⅱ.①吴… Ⅲ.①成功心理－通俗读物
Ⅳ.①B848.4-49

中国版本图书馆 CIP 数据核字（2022）第 138687 号

上架建议：畅销·个人成长

ZAI MINGYUN JUEDING NI ZHIQIAN
在命运决定你之前

著　　者：吴主任
出 版 人：陈新文
责任编辑：吕苗莉
监　　制：于向勇
策划编辑：王远哲
文字编辑：赵　静　罗　钦
营销编辑：张艾茵　宋静雯　黄璐璐　时宇飞
装帧设计：利　锐
内文排版：麦莫瑞
出　　版：湖南文艺出版社
　　　　　（长沙市雨花区东二环一段 508 号　邮编：410014）
网　　址：www.hnwy.net
印　　刷：三河市中晟雅豪印务有限公司
经　　销：新华书店
开　　本：875 mm × 1230 mm　1/32
字　　数：223 千字
印　　张：8
版　　次：2022 年 9 月第 1 版
印　　次：2022 年 9 月第 1 次印刷
书　　号：ISBN 978-7-5726-0785-1
定　　价：49.80 元

若有质量问题，请致电质量监督电话：010-59096394
团购电话：010-59320018